KB064751

화학에서
영성을
만나다

평생을 화학과 함께 해온 한 학자가
화학 속에서 만난 과학과 영성에 관한 이야기

화학에서
영성을
만나다

황영애 지음

더숲
THE SOUP

화학은
마음의
친구입니다

저를 처음 보는 분들은 제가 화학과 교수라고 하면 매우 놀랍니다. 무엇보다 먼저 꺼내는 말은 제가 화학을 전공하는 사람 같지 않다는 것이고, 그 다음으로는 그 어려운 것을 여자가 왜 했느냐고 묻지요.

그렇다면 화학을 전공할 것 같은 사람은 어떤 사람일까요? 아마도 사람들이 흔히 생각하는 화학의 이미지, 즉 딱딱한 학문에 맞는 군은 표정에 생각까지 고지식한 사람이 아닐까요? 곰곰 생각해보니 중·고등학교 시절에는 누가 보아도 저는 화학하기에 딱 맞게 생긴 사람이었습니다. 자신감이 없어 남들 앞에서 제대로 말도 못하고 늘 무표정하게 학교를 다녔거든요. 그런데 재미있는 것은 화학을 45년이 넘도록 하고 나니 도리어 화학과는 거리가 먼 문학이나 예술을 전공하는 사람처럼 보인다는 말을 듣습니다. 좋은 의미로 해석하면 아마도 제 인상이 예전보다 더 여유 있고, 많이 부드러워진 것이겠지요. 아이러니한 것은 만일 제가 좋은 방향으로 변했다면 그건 모두 화학 덕분이라는 것입니다.

그런데도 화학이 딱딱하고 어렵기만 한 학문이라고 할 수 있을까요?

이과와 문과 중 하나를 선택해야 했던 고등학교 시절, 이공계 대학이 인기도 있었지만, 수학이나 과학은 얼마만큼 노력을 들이면 할 만하다는 생각이 들어 화학을 전공하게 되었습니다. 하지만 문학이나 예술은 노력만으로는 안 되는, 도저히 넘을 수 없는 높은 벽이었지요.

그런 제가 학생들에게 화학을 가르치면서 화학을 통해 함께 나누며 살아가는 이치를 배우게 되었고, 그 깨달음을 『화학에서 인생을 배우다』에 담았습니다. 그리고 3년 만에 겁도 없이 이번 책 『화학에서 영성을 만나다』를 내게 되었습니다. 누군가 그랬다지요? 과학은 설명할 수 있는 것을 설명하는 것이요, 예술은 설명할 수 없는 것을 설명하는 것이고, 종교는 설명해서는 안 되는 것을 설명하는 것이라고요.

'과학과 종교의 만남'이라면 아마 성경에 나오는 일들을 과학적으로 증명하는 내용이라 생각할지도 모르겠습니다. 그러나 저는 설명이나 증명을 하기 위해서 이 책을 쓴 것이 아닙니다. '나'라는 딱딱한 틀에 갇혀 고통스러워하고 있던 제가 그 틀을 깨고 나오기 위하여 노력하는 중에 만난 신앙을 실천하기는커녕 받아들이기조차 어려웠을 때, 오히려 화학이라는 세계가 신앙을 받아들이는 데 친구가 되어주고 도움을 주었다는 이야기를 나누고 싶어서였습니다.

화학은 고통을 받아들이지 못하는 제게 진정한 사랑이 무엇인지, 희생이 무엇인지, 내맡김이 무엇인지를 알도록 도와주며 하느님께서 제게 허락하신 고통의 의미를 깨닫게 해주었습니다.

이 책에서 다룬 내용 중에는 『화학에서 인생을 배우다』와 천주교회에서 발간하는 월간지 《경향잡지》에 제가 2011년 1년 동안 게재했던 칼럼 '화학에게 길을 묻다'에서 다룬 것들이 많이 있습니다. 그 글을 쓰면서 언젠가는 이 화학적인 내용을 영성의 글로 이어가면 좋겠다는 생각을 했었는데 이제야 그 작업을 마쳤습니다.

하지만 이것을 내놓기가 너무도 부끄러워 많이 망설였고, 한동안 글쓰기를 중단하기도 했었습니다. 어려서부터 숨는 것이 저의 특기였으니까요.

그럼에도 이렇게 쓰게 된 것은, 부족하고 상처받기 잘하고 허물 많은 제가 혼자서는 도저히 이겨낼 수 없었던 어려움에서 이만큼이나마 일어설 수 있게 해주신 하느님의 자비하심을 이야기하고 싶어서였습니다. 그리고 제 체험을 나누었을 때 비슷한 고통을 겪고 있는 사람들이 위로받는 것을 보면서 부끄럽지만 용기를 내보았습니다. 결국 글이란 재능에서 나오기보다는 가슴에서 나오는 것 같습니다.

게다가 10여 년 동안 저를 영적으로 지도해주신 전원 신부님이 전부터 이러한 내용을 책으로 쓰는 것을 저의 사명으로 삼으라 하셨던 것도 제가 용기를 내게 된 큰 이유입니다. 특별히 신자들이 주님이신 그리스도를 새롭게 만나는 은총의 시간을 가질 수 있도록 선포하신 '신앙의 해'에 이 책을 펴내게 된 것이 제가 받은 은총이라 생각되어 감사하는 마음입니다.

제가 이 글을 쓰는 동안 받은 또 하나의 선물은 이해인 수녀님과의 만

남입니다. 당신이 병중인데도, 제주도의 바다를 바라보며 「파도의 말」이란 시를 손수 읊어주시며 아파하는 사람들을 위로해주시던 모습에서 제가 앞으로 가야할 길을 본 것 같았습니다.

그리고 고등학교 국어교사이며 성당 반모임 교재인 『길잡이』에 몇 년간 영성시를 썼던 시인이기도 한 최성아(소화데레사) 님이 제 글의 교정을 도와주었고 그 과정에서 제 글에 깊은 감동을 받았다며 쓴 시 한 편을 고마움을 담아 실었습니다.

끝으로, 평생 책 하나 쓰는 것도 힘겨워했던 제게 마치 물 안 마시겠다고 버티는 말을 물가로 끌고 가서 결국 물을 마시게 하듯, 격려와 기다림으로 제 생애 두 번째 책까지 펴내게 해주신 도서출판 더숲의 관계자들에게도 감사의 말씀을 드립니다.

내면의 지도와 같은
영성이 깃들여진 화학 이야기로 초대합니다

화학에 '영성'이라는 말을 붙일 수 있을는지요? 일반 사람들은 '화학'이라는 말만 들어도 왠지 갑갑하고 건조한 느낌이 드는데 여기에 영성이라는 말이 어울릴 수 있겠는지요? 그런데 원소들의 세계를 이야기하는 화학 방정식에 인생의 이야기가 녹아들 수 있다면 그 안에는 우리가 추구하고 살아야 할 '내면의 지도(地圖)'와 같은 영성이 깃들여 있을 것입니다.

이를 증명이라도 하듯, 대학의 강단에서 평생을 화학을 가르치며 살아온 황영애 교수님은 그분의 저서 『화학에서 인생을 배우다』에서 물질계의 원소들의 구성 원리가 곧 우리 인생의 이야기라고 말합니다. 마치 화학 방정식을 풀 듯 우리 삶에서 일어나는 문제의 해법을 전해주고자 했습니다. 이번에 발간된 『화학에서 영성을 만나다』는 어쩌면 화학 방정식보다 훨씬 더 풀기 어려운 얽히고설킨 우리 삶의 문제를 교수님의 종교적 믿음 안에서 다루면서 인생의 더 깊은 차원을 이해하고 살도록 독자들을 초대합니다.

이 책에서 황 교수님은 물질계의 보이지 않는 원소들의 성질과 그 관계들을 마치 무대 위에 배우들을 올려놓고 연극 연출을 지휘하는 듯, 과학을 한편의 작품처럼 세상의 이야기로 바꾸어 놓았습니다. 따라서 이 책을 읽는 독자들은 마치 연극을 바라보는 관객처럼 물질계의 원소들의 세계를 들여다보면서 자연스럽게 자신들의 삶의 이야기를 듣고 성찰하게 됩니다. 비록 종교를 가지지 않은 사람일지라도 자신의 인생을 돌아보며 우리 인생의 깊은 곳에는 각자의 고유한 삶을 통해 이끄시는 초월자가 계심을 깨닫게 됩니다.

사실 과학의 세계 안에 정교한 질서가 존재하듯, 복잡해 보이는 우리 삶 안에도 질서가 존재합니다. 대부분의 사람들이 인간관계 속에서 겪는 혼란과 괴로움은 알고 보면 삶의 질서가 헝클어지고 무너져 있을 때입니다. 영성이란 결국 창조주가 우리의 내면에 새겨준 고유한 가치와 질서를 발견하고 이를 삶으로 표현하며 살아가는 것을 말합니다. 황 교수님은 화학을 전공한 학자이지만 해박한 성경 지식으로 자신이 경험한 삶을 하느님 안에서 해석하고 인생의 의미와 그 질서를 발견해가는 영성의 길을 우리에게 들려줍니다. 그래서 이 책은 오늘날 유행처럼 회두되는 힐링(healing)의 차원을 넘어 영성(spirituality)의 차원을 이야기합니다. 힐링은 아프면 치유를 받고 슬프면 위로를 받는 것이라면, 영성은 우리 인생이 아프면 아픈 대로, 슬프면 슬픈 대로, 주저앉지 말고 오히려 그 안에서 의미를 발견하고 힘차게 사는 것을 말합니다.

이 책은 화학을 전공했거나 화학에 관심이 있는 사람들만을 위한 책이 아닙니다. 화학에 문외한인 사람들도 쉽고 재미있게 화학의 이야기를 들으면서 삶의 더 깊은 차원을 보도록 이끌어줍니다. 또한 이 책의 저자가 가톨릭 신자로서 그리스도교 신앙을 바탕으로 화학의 이야기로 영성을 접목시켰지만, 이 책은 천주교나 개신교 신자들뿐만 아니라 타종파나 종교를 갖지 않은 사람들에게게도 자신들의 삶 안에서 진정한 삶의 가치를 발견하고 힘 있게 인생을 살도록 이끌어줍니다.

아름다운 글로 세상을 밝게 해주시는 황영애 교수님께 감사드립니다.

전 원(신부)

전원 토론토대학 Regis College에서 영성을 전공하였다. 천주교 서울대교구 통합사무연구소 대표를 거쳐 현재 서울대교구 제기동 성당 주임 신부로 재직중이다. 저서로 『말씀으로 아침을 열다』 『말씀의 빛 속을 걷다』가 있다.

차례

순수한 혼합 결정체
단결정 만들기

깊이 들어갈수록 끌리는 화학의 매력

앞서 말했듯이 저를 처음 만나는 사람들은 제가 화학을 전공한다고 하면, 대체 그 재미없는 분야를 왜 좋아하게 되었는지 그리고 어떻게 그리 오랫동안 계속할 수 있었는지 궁금해합니다. 화학이란 학문은 과연 그렇게 재미없는 분야일까요? 저도 고등학교 때 인기 있는 화학 선생님의 영향으로 전공까지 하게 되었지만, 학문의 본질을 알고 선택한 게 아니었기에 대학에 와서 갈등이 많았던 것도 사실입니다. 하지만 모든 학문이 그러하듯 깊이 들어가면 갈수록 더 어려워지면서도 그것만이 지닌 매력을 알아가게 됩니다.

제가 실험실에서 어떻게 기쁨을 맛보게 되는지를 얘기해드릴까요?

화학 중에서도 저의 세분화된 전공은 산업적으로 유용한 어떤 반응이 잘 일어나도록 도와주는 촉매를 합성하는 일입니다. 당연히 아직 세상에 알려지지 않은 새로운 물질이어야 합니다. 그저 넣고 섞어서 끓이고 식히기만 하면 새로운 물질이 마술처럼 짠! 하고 나와주면 얼마나 고마울까요?

그리고 우리가 초음파 검사를 하거나 MRI를 찍을 때 우리 몸을 있는 그대로 맡기듯이, 만들어진 화합물을 나온 그대로 기계에 넣고 찍어서 어떻게 생긴 물질인지 그 구조를 알아낼 수 있다면 그보다 좋은 일은 없겠지요. 하지만 현실은 그렇지 않고, 그래서 더 묘미가 있습니다.

화합물 합성을 통해 단결정을 얻어내는 이유

우리가 합성하고자 하는 물질은 최초의 물질이어야 하기 때문에 그 물질을 얻기 위해 처음에는 비슷한 화합물의 합성 방법을 논문에서 보고 따라해봅니다.

하지만 많은 경우 비슷한 물질인데도 만드는 방법까지 비슷하지는 않습니다. 그렇게 되면 반응시키는 용액의 용매(溶媒), 온도, 섞는 물질을 넣는 순서를 바꾸는 등 여러 가지 시도를 해보고 또 실패를 거듭하면서 최적의 반응조건을 찾습니다.

어찌어찌 천신만고 끝에 반응을 성공시켰다고 해서 다 된 것은 아닙니다. 반응이 끝난 후 그 용액에서 생성물을 얻어내는 과정이 또 다른 걸림돌입니다. 말 그대로 산 너머 산이지요.

우리 눈으로 볼 때는 반응이 잘 진행되어 그 용액 속에 생성물이 들어 있는 것이 확실한데 고체 상태로 꺼내는 일이 대 작업입니다. 액체 상태의 생성물도 있지만 대체로 고체 생성물이 더 순수한 경우가 많고, 확인 과정에서도 더 손쉽기 때문입니다.

고체를 좀 더 쉽게 얻기 위해 반응시키고 난 후에 약순가락(spatula)으로 반응 용기의 벽을 긁어 용액에 일종의 충격을 주기도 합니다. 이 용액을 하루 정도 방치해두었다가 다음날 긁어준 곳에서 용기의 벽을 따라 붙어 있는 예쁜 결정(結晶)을 발견하면 그 기쁨은 경험해보지 않은 사람은 모른답니다.

여러 가지 확인 방법 중에서 일등공신은 누가 뭐래도 X선 결정학 (X-ray Crystallography), 즉 X선을 이용하여 그 화합물 속의 원자 하나하나의 위치를 알아내어 구조를 확인하는 방법입니다.

하지만 아무 화합물이나 X선을 찍는 것은 아니지요. 단결정(單結晶)이어야 하고 그 크기도 적당해야 합니다. 그러므로 일단 화합물을 합성했다 하더라도 미세한 분말 형태거나 다양한 크기의 결정들이 섞여서 나오는 경우가 대부분이므로 단결정을 키워야 하는 과정이 기다리고 있지요.

단결정이란 주기적으로 일정하게 삼차원 공간으로 배열된 원자구조를 갖는 고체를 말합니다. 단결정이 아닌 경우에는 중간에 끊어지므로 주기적인 영역이 작으며, 물질의 열전도도나 전기전도도를 감소시키고, 강도가 약해지고, 부식이 가속되는 등 물성(物性)에 좋지 않은 영향을 미칩니다. 이와 같이 결정을 얻게 되면 순수한 성질을 좀 더 오래 지속하므로 그 물질의 특성과 반응을 연구하는 데 편리합니다. 특히 투명한 결정의 경우에는 광학적 특성에 관한 연구도 가능합니다.

단결정을 키우는 어려움과 기쁨

단결정을 키우는 여러 가지 방법, 즉 재결정법(再結晶法) 가운데 여기서는 가장 대표적으로 사용되는, 용액 속에서의 결정성장법을 소개하겠습니다.

처음에는 키우고자 하는 물질을 용매에 포화 상태까지 녹인 후 일정한 온도를 유지하면서 용매를 증발시키거나, 온도를 서서히 내리면서 결정을 석출(析出)하는 방법을 사용합니다.

운이 좋으면 그러한 한 번의 과정만으로도 원하는 크기의 물질을 얻을 수 있지만 조금이라도 빨리 증발되면 작은 알갱이들이 생깁니다. 화학에서는 이 알갱이들을 씨앗 또는 종자(種子, seed)라 하며 다시 포화용액에 투입하여 성장을 계속하게 하지요.

그러는 동안 용액의 흔들림이 없어야 하고, 불순물이 들어가지 않도록 순수한 용액 상태를 유지해야 하며, 온도를 일정하게 유지하거나 하루에 $0.2\,^{\circ}\mathrm{C}$ 정도의 느린 속도로 내려주어야 합니다. 이와 같이 고순도의 단결정을 얻어낼 때 그 결정을 키워내는 환경과 그 환경을 유지하는 것이 얼마나 중요하고도 어려운지 모릅니다.

하지만 이것이 끝은 아닙니다. 재결정을 하려고 작은 알갱이들을 녹이고 나서 용매를 증발시키면 한 번 고체로 나왔으니까 또다시 석출되는 게 순리인데 숨바꼭질을 하는지 도무지 그 씨앗을 내놓으려 하지 않는 경우가 허다합니다. 앞에서 고체 상태의 생성물을 얻기 위해서 반응 용액에 약숟가락으로 충격을 준다고 했는데 여기서 충격을 주었다가는 용액이 흐트러지게 되니 재결정 단계에서는 이 방법을 사용할 수가 없습니다.

그런 경우에는 좀 더 강제성을 띠는 테크닉을 사용해야 합니다. 어떤 용매에도 잘 녹지 않고 용질이 석출되더라도 분말 형태로 얻어지게 되는 경우에 바로 강제적인 테크닉이 필요합니다.

그런데 더 기가 막힌 노릇은, 잘 녹지 않으면서 분말로 얻어지는 물질이라면 용매를 증발시킬 때 더 쉽게 석출되어야 할 것 같은데 그렇지가 않다는 점입니다. 워낙 농도가 묽은 데다 증발 속도도 느려 시간이 지나면서 고체 상태가 되는 대신 용액 속에서 원치 않는 다른 반응이 일어나 끈적거리는 기름 덩어리로 남기 때문이지요.

이때는 두 가지의 용매를 사용합니다. 먼저 비교적 잘 녹이는 가용성(可溶性) 용매에 용질을 포화시킨 용액을 작은 사이즈의 약병(vial)에 걸러서 넣고, 그 약병 윗부분에 바늘로 몇 개의 구멍을 낸 거름종이나 알루미늄 포일로 싸서 덮어놓습니다. 다음에는 용질을 거의 못 녹이는 불용성(不溶性) 용매를 얕게 채운 더 큰 사이즈의 비커를 준비하고, 그 속에 용액이 담긴 약병을 살포시 넣고 시계접시(watch glass)로 큰 비커를 덮습니다. 결정을 키울 준비는 끝났습니다. 이제는 거름종이의 바늘구멍을 통해 작은 약병과 큰 비커에 담긴 용매들의 증기가 느린 속도로 확산하면서 불용성 용매가 천천히 섞여서 용질이 석출되고 성장도 계속 이루어지기를 기다리는 일만 남았지요.

기다리는 일도 보통 일이 아닙니다. "Watching pot never boils."(지켜보고 있는 냄비는 결코 끓지 않는다.)라는 미국 속담처럼 매일 아침에 결정이 나왔나 하고 들여다보면 그냥 투명한 액체만 있어서 애를 태웁니다. 이런 작은 실험과정에서도 마음을 비우는 도를 닦아야 하다니! 어쩌다가

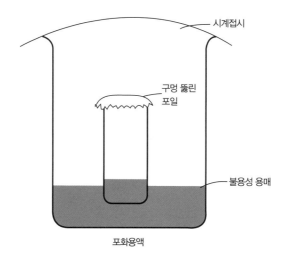

시계접시

구멍 뚫린
포일

불용성 용매

포화용액

용질을 포화시킨 가용성 용매와 불용성용매가 천천히 섞이면서 용질이 석출되고 성장하기를 기다리는 과정. 이런 결정성장 방법을 거쳐 단결정이 만들어진다.

밖에서 무거운 짐을 실은 큰 차가 지나가면서 우르릉 하고 진동만 해도 실험실이 울려 이제까지의 공든 탑이 무너질까 노심초사합니다. 그래서 결정을 키우면서 자식을 키우듯 기도하는 마음이 됩니다.

그러다가 마음을 비울 때쯤 되면, 용액 속에서 곱게 자라고 있는 결정을 발견하게 됩니다. 떨리는 마음으로 얼른 현미경으로 가져가 결정의 면이 매끈한지 크기나 모양은 어떤지를 살펴봅니다. 이때 아름답고 반짝이는 단결정임을 확인하게 되면 무슨 대단한 보석이라도 키운 듯 "와!" 하고 기쁨의 소리를 지릅니다. 다른 사람에게 보여주고 자랑도 하지요. 그 과정이 더 많이 어려웠을수록 그 기쁨은 더 커집니다. 이때야말로 찬란한 예술작품을 만들어낸 거장이라도 된 듯 희열이 넘치게 됩니다. 한

송이 국화꽃을 피우기 위해 소쩍새가 그렇게 울었듯, 이 한순간을 위해 그토록 노력하고 또 그 과정을 계속하게 되나 봅니다.

☆ ☆ ☆

불순물 없는 용액 속에서 나오는 '영성'이라는 단결정

이렇게 화합물의 단결정을 얻어내기 위해 불순물 없이 순수한 용액 상태를 유지해야 하는 것은, 우리의 삶에서 영성(靈性)이라는 결정을 빚어내는 과정을 생각하게 합니다.

영성이란 무엇일까요? 오늘날 영성이라는 용어는 그리스도교뿐만 아니라 다른 종교와 뉴에이지 주창자들까지도 애용할 정도로 유행하고 있습니다. 그래서 영성에 대한 정의도 헤아릴 수 없이 다양합니다. 그리스도교에서 말하는 영성은 한마디로 '어떤 사람이나 단체에 의해 이루어지는 예수님에 대한 믿음의 살아 있는 표현'이라고 할 수 있습니다. 영성이 높다는 것은 세속적인 집착이나 불순한 생각들이 정화되어 그리스도인의 참모습이 충만하게 드러나는 것을 말합니다. 높은 영성의 단계에 이른 사람들을 보면 기도를 꾸준히 하면서 수련을 하거나, 아니면 인생에 어떤 충격이나 고통의 과정을 거치면서 성장한 경우가 많습니다.

이렇게 보면 결정이 잘 생기지 않을 때 불용성 용매나 약숟가락으로 충격을 가함으로써 영롱한 결정을 얻게 되는 과정은 우리가 평범한 삶에서보다는 고난과 시련을 통해 고귀한 영성과 만나게 되는 과정과 참 많이 닮아 있다는 생각이 듭니다.

"주님께서는 사랑하시는 이를 훈육하시고 아들로 인정하시는 모든 이를 채찍질하신다"[히브 12, 6], "모든 훈육이 당장은 기쁨이 아니라 슬픔으로 여겨집니다. 그러나 나중에는 그것으로 훈련된 이들에게 평화와 의로움의 열매를 가져다줍니다."[히브 12, 11]라는 성경 말씀처럼 말이지요.

고난의 터널을 지난 영혼이 영성을 얻다

몇 년 전, 평소에 가까이 지낸 친구가 엄마와 단둘이 살고 있는 어느 청년을 소개해주었습니다. 직장암 말기 판정을 받은, 그의 엄마는 처녀 시절에는 신자였지만 아들을 낳은 후 계속 냉담했다가 생의 마지막을 앞두고 아들이 세례받기를 원한다고 했습니다. 그 청년이 예비자 교리반에 등록했는데, 이미도 제가 어떤 면에서든 도움을 줄 수 있지 않을까 해서 그를 제게 데려왔던 것 같습니다.

청년의 상황이 좀 심각한 것 같아 그 친구와 함께 가정방문을 했습니다. 평소 기도는 물론이고 위로의 말도 상대방의 마음에 꼭 와닿게 하는 그 친구의 기도에 마음이 열렸는지 그 엄마는 초면이지만 자기의 이야기를 힘들게 토해냈습니다. 성폭행을 당해서 생긴 아이가 그 아들인데, 아이는 아빠의 손길 한번 느껴보지 못한 채로 자랐답니다. 엄마가 말하는 동안 아들은 엄마의 입에서 나오는 분비물을 자주 닦아주며 얼마나 애틋하게 바라보는지 그런 그가 더 애틋해 보였습니다. 50이 채 안 된 나이에도 통증을 견디느라 할머니같이 늙어버린 그녀는 하늘이 원망스러워 오랜 세월 성당을 멀리했다고 했습니다. 그녀의 말 속에는 아직 어린 아들을 혼자 두고 떠나야 하는 불안한 마음과 자신을 손가락질하며 차갑게 대했던 세상을 향한 원망이 섞여 있었습니다. 그런 분위기에서 자랐으니 아들의 첫인상이 어두워 보였던 것은 당연한 일이었습니다.

그 모자의 사연을 강사 수녀님께 말씀드리니 정기적으로 가난한 이들에게 해주는 음식 지원과 함께 가정으로 다니면서 봉사하는 수녀님들의 간호도 받도록 해주었습니다. 암 환자들은 극심한 통증이 오면 일반 약으로는 도저히 견딜 수 없어 더 강력한 처방을 받아야 하기에 호스피스 병동에 가기를 간절히 원합니다. 오랜 염원 끝에 입원하게 되었을 때 그녀가 기뻐하던 모습이 아직도 선하게 떠오릅니다. 그 병원의 의사 선생님과 간호사들, 수녀님들이 어찌나 친절하신지, 병원에서 생일을 맞았는데 그분들이 케이크까지 준비해주셨다며 친구와 나를 초대하기도 했습니다. 그때 모두 함께 생일축하 노래를 해주니 그녀는 생애 처음으로 상상도 못했던 대접을 받아본다며 눈물을 흘렸습니다. 심한 통증에도 불구하고 그녀의 얼굴은 차츰 평화롭고 환해져갔습니다. 아들이 요한이라는 이름으로 세례를 받은 지 얼마 후 엄마는 아들을 이 세상에 놓아둔 채, 아니 주님께 맡기고 떠나도 되겠다고 안심한 듯 눈을 감았습니다.

그 아들의 세례 때는, 저의 작은아들이 청년 전례단에서 친형처럼 따르던 청년에게 대부(代父) 서주기를 부탁했습니다. 대부를 부탁받은 청년도 엄마가 돌아가신 지 얼마 되지 않았고, 신앙심이 깊었기 때문에 동병상련의 마음이 되어 서로 이해하며 도울 수 있지 않을까 해서였습니다.

성당 영안실에서 3일장을 치르는 동안 얼굴도 모르는 많은 신자들이 끊이지 않고 와서 기도를 해주었고, 대부의 진두지휘 아래 성당 청년들은 손님 접대며 장례의 모든 절차를 성심껏 도와주어 유족이 별로 없는 데도 도무지 쓸쓸할 겨를이 없었지요. 또한 영안실 대여비며 식비 등 모든 비용을 누가 먼저랄 것도 없이 나서서 지불해주었습니다. 수녀님은 어쩐 일로 사람들이 그렇게들 서로 도와주려 하는지 모르겠다며 우리 성당에 기적이 일어났다고 하셨습니다.

그때 유족으로 일본에 있던 이모와 서울에 있었지만 멀리 지내던 외삼촌 내외가 왔었는데, 그들은 이 모든 장례절차를 지켜보며 매우 감동받았다는 말과 함께 입교(入敎)할 뜻을 밝혔습니다. 게다가 외삼촌은 남들도 이렇게 도와주는데 자신은 피붙이면서도 지금까지 조카를 돌보지 못한 것이 못내 부끄럽다며 이제부터는 조카와 평생을 함께하겠다고 했습니다.

이런 일련의 과정에서 주위 가족들의 변화도 놀라웠지만, 누구보다 큰 변화를 보인 것은 주인공 청년이었습니다. 누구나 그렇지만 우리는 태어날 때 부모를 선택할 수는 없습니다. 그저 자신의 의지와는 상관없이 세상에 나왔을 뿐인데 어느 날 자기가 사생아였다는 것을 알게 된다면 그 충격이 어떨까요? 누가 말해주든 아니든 함께 살고 있는 엄마와 친척들의 분위기로 자신이 환영받는 가운데 태어났는지 아닌지 알게 됩니다.

아버지에게 버림받은 것만으로도 모자라, 엄마의 억울함을 감싸주고 보호해야 할 가족들마저 오히려 엄마의 존재를 부끄러워했습니다. 그 모습을 보며 자란 아들의 가슴 속이 엄마와 마찬가지로, 아니 어쩌면 엄마보다도 더 심하게 세상에 대한 불신과 울분으로 찌들게 되는 건 당연한 일일 것입니다. 그는 엄마가 받아야 하는 손가락질과 생활고가 다 자기 탓이라고 생각했으니 자기의 존재를 부정하고 싶었을 겁니다. 실제로 극단적인 생각도 여러 번 했으나 엄마 때문에 실천에 옮기지는 못했다고 했습니다. 이렇게 자존감이 없으니 누구에게 다가가지도 못했습니다. 남들이 무심코 하는 말이나 행동에도 상처받기 일쑤였지요.

하지만 화를 내기에도 너무 약했기에 그들 모자는 세상을 피했고, 세상도 그들에게 눈길을 주지 않았습니다. 그는 자기의 생각을 조리 있게 설명하지 못했을 뿐 아니라 말이 어찌나 느리고 어눌한지 제가 매번 되물어 확인해야 했습니다. 사람들에게 얼마나 주눅 들어 살았는지 짐작할 수 있었습니다.

그런 중에 엄마가 중병에 걸렸으니 아들의 억울함과 두려움은 더 이상 말할 필요조차 없었겠지요. 엄마는 이런 아들을 세상에 그대로 놓아두고 갈 수는 없다고 생각해서 아들에게 유언처럼 성당 문을 두드리게 한 것입니다. 비록 자신은 오랜 세월 외면했던 품이지만, 그 품이 바로 새로운 변화를 일구는 희망이라는 것을 생의 마지막 순간에 깨닫게 된 것은 아니었을까요? 그래서 이 세상살이의 의미가 되었던 소중한 아들의 마음속에 사별의 상처 대신 신앙이라는 작은 씨앗 하나 심어주고, 아들만은 그 씨앗을 가꾸며 살게 되기를 바랐던 것이겠지요.

그런데 정말 놀라운 일이 일어난 것입니다. 이제까지 알지 못했던 세상이 아들의 눈앞에 펼쳐진 것이지요. 부끄러워해야만 했던 엄마의 과거는 오히려 이웃의 따뜻한 위로를 받는 이유가 되었습니다. 늘 어두웠던 엄마의 얼굴에 웃음이 피어오르고, 주위 사람들을 원망하는 모습 대신에 감사하는 모습을 보게 된 것입니다.

20여 년 동안 차갑고 무서운 세상만 경험했던 청년의 마음속에 삶은 형벌이 아니라 '축복'이라는 생각이 자리 잡게 된 것은 아니었을까요? 자신은 '사랑 받는' 존재이고 그래서 '고귀한' 존재라는 자존감이 비로소 싹트기 시작했을 것입니다.

장례식이 끝나고 얼마 후 그가 제게 자기 이모와 함께 만나고 싶다고 연락을 했습니다. 이모가 조카의 변화를 설명하기도 전에 그의 우렁찬 목소리만으로도 그에게 자신감이 생겼음을 알아차릴 수 있었습니다. 그는 다시 태어난 것입니다.

고순도의 단결정을 얻기 위해서는 불순물이 없는 순수한 용액과 오랜 시간, 충격 요법 등이 필요했습니다. 저는 화학자의 입장에서 잠시 창조주의 입장으로 옮겨가봅니다. 세상이 점점 물질적인 것을 추구할수록 영적인 삶으로 이끄는 촉매가 필요합니다. 고순도의 영성을 지닌 사람으로 만들기 위해 신의 방식으로 충격 요법을 가합니다. 인간이 그것을 '시련'이다, '불행'이다 부르거나 말거나 말이지요. 영원한 세상의 차원에서는 그 결과가 얼마나 아름답고 유익한지 차차 알게 될 거라고, 좀 더 기다리라면서요.

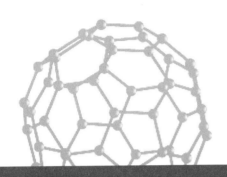

"육신의 아버지들은 자기들의 생각대로 우리를 잠깐 훈육하였지만,
그분께서는 우리에게 유익하도록 훈육하시어
우리가 당신의 거룩함에 동참할 수 있게 해 주십니다."
(히브 12, 10)

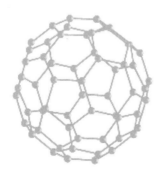

뒤에서 힘을
보태주는
중성자 이야기

중성자는 별 볼일 없다?

물질의 가장 기본 입자인 원자, 그 중에서도 중성자(中性子)의 이야기를 해보겠습니다. 중성자라고 하면 '중성'이라는 글자에서 풍기듯 무언가 특색이 없고 눈에 띄는 역할도 못할 것 같은 느낌이 들지 않습니까? 과연 중성자는 그런 존재일까요?

원자는 원자핵과 전자로 되어 있습니다. 다음의 헬륨(He) 원자 모형에서 보는 바와 같이, 전자는 (−)전기를 띠는 입자로서 마치 지구가 태양 주위를 돌듯이 중심에 있는 원자핵의 주위를 돌고 있습니다. 원자핵에는 양성자와 중성자가 있는데 양성자는 (+)전기를 띠고 중성자는 전기적으로 중성입니다. 양성자의 수와 전자의 수가 같기 때문에 원자는 중성입니다. 양성자나 전자의 수를 우리는 원자번호라고 부르며 이 번호가 바로 원자의 이름을 결정하는 것입니다. 1번이면 수소(H), 2번이면 헬륨(He), 8번이면 산소(O)가 되는 것이지요.

양성자나 전자의 수가 원자의 정체성을 결정한다니 그들은 원자 내에서 얼마나 중요한 역할을 하고 있는 것입니까? 또 전자는 원자가 일을 하려 할 때 맨 앞에 나섭니다. 마치 장기판의 졸(卒) 같은 역할이지요. 양성자도 중요한 것은 더 말할 나위가 없습니다. 전자 하나가 빠져나가면 (+) 성질이 되어 (-) 성질의 원소와 더 강하게 반응할 수 있기 때문입니다

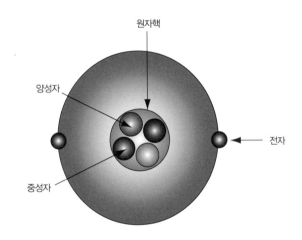

헬륨(He) 원자 모형. (-)전기를 띠는 전자가 양성자와 중성자로 구성된 원자핵의 주위를 돌고 있다.

그러면 중성자는 어떨까요? 원자 전체가 (+)가 되건 (-)가 되건 중성자와는 아무 상관없습니다. 그리고 중성자의 수는 원자번호와 같을 때도 있고, 다를 때도 있답니다. 예를 들어 원자번호 2번인 헬륨은 양성자, 전

자, 그리고 중성자의 수가 똑같이 2개입니다. 그러나 5번인 보론(B)은 양성자와 전자의 수는 5개인데 중성자는 6개입니다. 이런 형편이니 중성자의 수는 원자의 이름과 별 상관이 없다는 뜻이겠지요?

그러나 질량 면에서는 중성자가 뒤지지 않습니다. 양성자와 비슷하고 전자의 1840배나 됩니다. 그래서 원자량에는 영향을 미칩니다. 원자량이란 전자의 질량은 무시할 수 있으므로 양성자 수와 중성자 수의 합을 말합니다. 그러니까 헬륨의 원자량은 4이고 보론의 원자량은 11입니다. 하지만 원자량은 원자의 성질과는 별로 관계가 없습니다.

게다가 요즈음에는 무게가 많이 나간다는 게 어디 좋은 뜻으로 쓰입니까? 그야말로 굴욕이지요. 더구나 원자가 반응할 때 어떤 영향도 미치지 못합니다. 그러니 빈둥거리며 무게만 나가는 애물단지처럼 보이지 않습니까? 앞에서 말한 대로 이렇게 별 역할을 못한다면, 대체 중성자는 왜 있는 걸까요? 또 그렇게 사는 중성자는 얼마나 불행할까요?

중성자의 존재감이 밝혀지다

제가 고등학교 졸업할 때까지만 해도 중성자는 별 역할이 없는 것으로 배웠습니다. 하지만 과학자들은 계속해서 원자핵을 들여다보고 연구하면서 한 가지 의문을 품었습니다. '어째서 (+)전기를 띠고 있는 수많은 양성자들끼리 서로 반발하여 튀어나가지 않고, 그 작은 핵 속에 꽁꽁 뭉쳐 있는 것일까? 혹시 거기에 중성자의 존재 이유가 있는 것은 아닐까?'라고요. 이 세상에 존재하는 어떤 것도 무의미한 것은 없으니까요.

그 생각은 들어맞았습니다. 역시 오랜 시간을 포기하지 않고 집요하게 연구를 계속한 결과, 원자핵을 발견한 지 반세기가 지난 1967년에야 양성자 안에도, 중성자 안에도 더 작은 쿼크(quark)란 입자들이 존재함을 발견하였고, 이 입자가 원자핵 구조의 열쇠라는 사실을 알아냈습니다.

쿼크는 부분적인 (+)전기를 띠는 위쿼크(u, +$\frac{2}{3}$)와 부분적인 (-)전기를 띠는 아래쿼크(d, -$\frac{1}{3}$)의 두 종류가 있습니다. 양성자는 그 내부에 (u, u, d)가 있어 전기적으로 (+$\frac{2}{3}$, +$\frac{2}{3}$, -$\frac{1}{3}$) 이기에 겉보기로 (+1)의 전기를 띠게 되었지만 사실은 (+)와 (-)가 모두 존재하고 있었습니다. 중성자도 내부에 (d, d, u)가 있어 (-$\frac{1}{3}$, -$\frac{1}{3}$, +$\frac{2}{3}$)가 되므로 겉보기에만 전기적으로 중성이었을 뿐 (+)와 (-)가 모두 존재하지요.

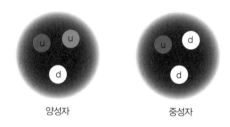

양성자　　　　　중성자

원자핵을 발견한 지 반세기가 지나서야 양성자와 중성자 안에 존재하는 쿼크 입자가 밝혀졌다.

그렇습니다. 양성자들이 서로 반발하여 튕겨나가지 않았던 것은 바로 양성자들 사이에 끼어 있는, 중성자 속의 쿼크들이 양성자들 속의 반대 전기를 띠는 쿼크들과 서로 끌어당기고 있기 때문이었습니다. 이들의 거리는 양성자끼리의 거리보다 훨씬 가깝기 때문에 그 인력의 세기가 양성

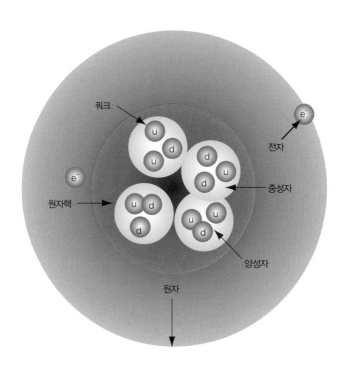

원자의 전체 구조

(u: 위쿼크 $+\frac{2}{3}$,   d: 아래쿼크 $-\frac{1}{3}$)

자끼리의 반발력보다 훨씬 강합니다. 그래서 튀어나가려는 양성자들을 지그시 끌어 잡아당겨 원자핵의 모양을 유지할 수 있었던 것이지요.

그렇게 중요한 역할을 하고 있었지만, 중성자는 자신의 존재감을 드러내지 못한 채 반세기가 넘는 세월을 지내왔습니다. 중성자의 역할은 쿼크라는 극히 미세한 입자를 발견하고 나서야 알려졌습니다. 그 쿼크는 양성자를 쪼개야 발견할 수 있는데 그 양성자를 쪼개는 기기가 입자가속기(粒子加速器)입니다. 그러니까 입자가속기로 양성자를 쪼개서 쿼크라는 더 작은 입자가 세상에 나오는 데 그만큼의 시간이 걸린 것입니다.

이쯤 해서 원자 안에 있는 입자들 가운데 중성자의 역할을 알아내는 데 그렇게 오랜 세월이 걸린 사실에 대한 영성적 의미를 생각해보게 됩니다.

어느 공동체에서든 앞에 나서서 끌고 가는 사람이 있어야 합니다. 그는 당연히 중요한 사람으로 겉으로 드러나고 인정받지요. 하지만 뒤에서 그 단체가 하나 될 수 있도록 오롯이 모아주는 사람도 반드시 필요합니다. 그 역할이 결코 덜 중요한 것이 아니라 어쩌면 더 중요한데도 그 일을 하는 사람은 중요한 인물로 인정받기가 쉽지 않습니다. 아니, 제때에 인정받지 못하는 고통을 이겨내야 하기에 그 사람에게는 다른 사람보다 한 가지의 덕목이 더 필요할지도 모릅니다. 바로 겸손이지요. 바꿔 말하면 고통을 이겨내는 동안에 이 덕목을 얻게 되는 것입니다.

전자가 앞에 나서서 활동을 잘할 수 있도록 양성자를 한 군데로 모아 원자핵의 구조를 유지시켜주는 중성자의 역할뿐만 아니라 그 역할이 알려지는 데 오래 걸렸다는 사실은 저마다 자신만을 내세우며 폭력과 무질서가 난무하는 우리 인간 세상을 향해 중요한 메시지를 보내는 듯합니다. 그 작은 물질세계에서 펼쳐지는 질서를 한번 보라고요. 그리고 남들이 나를 알아주지 않을 때는 불평하지 말고 천천히 기다리는 겸손도 배우라고요. 겸손이야말로 영성의 결정을 만들어내는 가장 기본적인 덕목이니까요.

예수님 족보의 겸손함

언젠가 미사 강론에서 성경의 가장 겸손한 구절은 바로 신약성서 첫 부분에 나오는 예수님의 족보^(마태 1, 1-17)라는 말을 듣고 웃은 적이 있습니다. 사람들은 이 족보를 보며 '대체 왜 이렇게 읽기도 어려운 이름들을 지루하게 늘어놓았을까.'하면서 다음 구절로 건너뛰기 일쑤여서 무시당하고 있다고요. 그러나 이 구절은 구약과 신약 사이에서 다리 역할을 하고 있고, 예수님이 구약의 다윗 왕과 어떤 관계가 있는지를 알려주는 등 중요한 임무를 맡고 있으면서도 크게 드러나지 않았으니 겸손한 존재가 아니겠느냐는 내용이었어요. 구약의 예언서에서 다윗 왕의 후손에서 메시아가 나온다고 했기에 예수님과 다윗 왕과의 관계는 매우 중요합니다. 이 대목에서도 원자핵 속의 중성자가 생각나다니 제가 확실히 화학을 하는 사람이기는 한가 봅니다.

그리고 어느 성경대학 강의에서 이 족보가 얼마나 감동을 주는지도 알게 되었습니다. 먼저, 아담의 족보는 누가 누구를 낳은 후에 '죽었다'는 말을 반복하는 반면, 예수님의 족보는 '낳았다'만을 반복하므로 죽음이 아닌 생명의 족보라는 것입니다. 다음으로, 당대에는 사람으로 취급받지 못하던 여자들, 그것도 이방인, 창녀, 불륜한 여자 등 죄로 얼룩진 집안의 역사를 그대로 보여주어 예수님이 죄에 찌든 우리와 함께하고 계심을 느끼게 해준다는 것이지요. 마지막으로, 족보는 14대씩 세 그룹으로 나뉘었지만 마지막 그룹의 예수님까지는 13대에서 끝났습니다. 14대는 바로 우리라는 것입니다. 감동이 느껴지는 대목이지요. 아무리 봐도 참으로 중요한 구절입니다.

세례자 요한의 활약과 겸손

그러면 성경의 인물 중에 '겸손'이라는 낱말을 생각할 때 가장 먼저 떠오르는 사람은 누구일까요? 예수님을 제외한다면 아마도 세례자 요한이 아닐까 합니다. 예수님을 제외한 것은, 어느 누구도 예수님과는 비교가 되지 않기 때문입니다. 우리가 아무리 낮아진다 해도 동물이 되거나 벌레가 되는 일은 없지 않습니까? 그런데 예수님께서는 하느님의 아들이라는 신분을 버리고 사람이 되셨으니 그건 겸손이라는 말로는 부족하지요.

"회개하여라. 하늘나라가 가까이 왔다."^(마태 3. 2)고 선포하며 요한이 사람들 앞에 나타났을 때, 그의 말과 행동은 오랫동안 절망의 늪에 빠져 하느님 나라를 기다려온 이스라엘 사람들의 마음속에 폭발적인 힘을 주었습니다. 요한은 그야말로 희망의 불씨를 일으키는 한줄기 빛과 같은 존재였습니다.

노령의 사제인 즈카르야와 마리아의 친척 엘리사벳 사이에서 은총으로 태어난 요한은 낙타 털로 된 옷을 입고, 허리에 가죽 띠를 두르고, 메뚜기와 들꿀을 먹으며 광야에서 오랫동안 고행의 생활을 하였습니다. 요한은 자기에게 다가오는 사람이면 누구나 차별 없이 죄인과 창녀를 포함하여 모두 받아들이고 세례를 베풀었지요.

오랫동안 이민족의 압박과 하느님을 멀리한 어둠에 시달리며 살던 예루살렘과 온 유다와 요르단 부근 지방의 사람들은 그에게 나아가 마치 목마름을 해갈하듯, 자기 죄를 고백하며 요르단 강에서 세례를 받았습니다(루카 3. 2-3). 예수님께서도 나자렛에서 오셔서 요한에게 세례를 받으셨지요(마르 1. 9).

요한은 언젠가 닥쳐올 심판의 날을 대비하여 진정한 정의와 자비를 실천하라고 강조했습니다. 이리하여 여러 계층의 사람들과 많은 제자들이 그를 따르게 되었습니다. 심지어 요한이 메시아가 아닐까 하는 소문도 생겨났습니다(루카 3. 15). 한때는 예수님이 요한의 제자요 후계자로 보이기도 했습니다(마르 6. 14 참조).

이와 같이 여느 예언자를 능가하는 인물이었고 군중들에게 큰 호응을 받았음에도 불구하고 요한은 자신을 낮추고 오직 예수님만을 부각시키려 했습니다. 자신을 메시아라 부르는 군중에게 자기는 주님의 길을 마련하는, 광야에서 외치는 이의 소리(이사 40. 3)로서 "예수님의 신발 끈을 풀어드릴 자격조차 없다."(마르 1. 7)고 단호하게 말했습니다.

예수님은 죄가 없었음에도 불구하고 진정한 인간으로 오셨기에 우리와 동일한 존재가 되기 위해 요한에게 세례를 받았습니다. 속죄양이 되어 죽으시고 부활함으로써 죄 속에 있는 인간을 구원하시기 위해서 말입니다. 그러나 어떻든 예수님이 요한에게 세례를 받으셨다는 사실만으로 요한이 예수님보다 더 큰 사람으로 보이게 하는 건 사실이지 않습니까? 그럼에도 요한은 이 세례가 예수님께서 하느님의 아들이심을 이스라엘에 알려지게 하려는 것이었다고 증언하면서(요한 1. 34), "그분은 커지셔야 하고 나는 작아져야 한다."^(요한 3. 30)고 했습니다.

그뿐이 아닙니다. 어느 날 예수님께서 지나가시는 것을 보고는 "보라, 세상의 죄를 없애시는 하느님의 어린 양이시다."^(요한 1. 29)라고 하면서 자기의 몇몇 제자들마저 예수님을 따라가도록 하였습니다.

요한이 메시아라는 소문까지 날 정도로 사람들에게 각광을 받았는데도, 어떻게 "그래, 그가 바로 나다!"라고 하고픈 유혹을 누르고 겸손할 수 있었을까요?

겸손이란 무엇일까요? 무조건 자신을 낮추는 것일까요? 우리는 그렇게 하는 사람을 겸손하다고 하지요. 때로는 지나치게 자기비하를 하는 사람까지도 겸손하다고 잘못 생각합니다. 그러나 겸손은 자기비하와는 다릅니다.

전원 신부는 저서 『말씀의 빛 속을 걷다』에서 겸손은 자기비하와는 다르며, 자기비하나 교만함은 다음과 같이 모두 열등감에 기인한다고 합니다.*

자기를 비하하는 사람은 열등감 때문에 다른 사람에 대한 두려움을 가지고 있습니다. 그 두려움 때문에 타인의 말은 곧 그의 본질이 되어버립니다. 그는 다른 사람에게 비난을 받지 않기 위해 감쪽같이 적응함으로써 존경받는 삶을 살지도 모릅니다. 그러나 그는 더 이상 자유로운 인간이 아니라 노예로 살아가며 행복과 자기 신뢰를 잃은 인간으로 남게 됩니다. 자존

* 전원, 「전원 신부 묵상2 - 말씀의 빛 속을 걷다」, 가톨릭출판사, 2013.

감이 낮아 쉽게 상처받고 분노하므로 주위 사람들에게도 상처를 주게 되어 결국은 사람들과 멀어지게 됩니다.

이와는 반대로 남을 무시하거나 잘난 체하는 교만함도 열등감에서 옵니다. 자기의 허점을 들키지 않기 위해 자신이 가진 것을 드러내며 때로는 알량한 권력을 휘둘러 자기에게 충성하지 않는 사람을 여지없이 내치기도 합니다. 다른 사람들에 대해서도 내면보다는 겉보기로 평가하기에 친구도, 결혼 상대도 자신의 허영심을 채워줄 사람을 구합니다. 그런 사람은 배우자가 어려움에 처하게 되면 이해하고 위로하며 함께 이겨나가기보다는 무시하면서 상대방의 잘못만을 탓하며 신세를 한탄하지요. 많은 사람들은 누군가를 무시하는 행위가 자신을 높이는 줄 알지만, 사실은 더 초라하게 하며, 누구보다도 자신을 불행하게 하는 것임을 모르고 있는 것입니다.

진정한 겸손은 먼저 자신에게 부족함이나 한계가 있다는 점을 참되게 알고 자기를 낮추어봄에 있습니다. 겸손이란 그런 불완전하고 약한 자신을 받아들일 줄 아는 능력입니다.

내가 부족함에도 불구하고 하느님께서 사랑해주신다는 것을 깨닫게 될 때 이 능력을 가질 수 있습니다. 그러므로 겸손은 내가 사랑받는 존재라는 높은 자존감에 뿌리를 두고 있습니다. 자존감이 높으면 자신이 자기 삶의 주체가 되기 때문에 다른 사람들의 칭송을 구걸하지 않고 그들의 비난에도 흔들리지 않습니다.

그러므로 겸손한 사람은 하느님께서 자기에게 주신 달란트에 감사하

고, 아무리 작은 일이라도 하느님께서 맡기신 일을 소중하게 여기며 수행해나갈 수 있습니다. 또한 겸손한 사람은 하찮게 보이는 어떤 일이라도 그 일을 하는 사람을 무시하지 않습니다. 가톨릭에서 성경 다음으로 많이 읽혔다는 『준주성범(遵主聖範, 그리스도를 본받음)』에 나오는 "사람은 누구나 약하다. 그러나 너보다 연약한 자는 아무도 없는 줄 알아라."라는 말처럼 말입니다.

그러고 보면 세례자 요한은 그저 예수님을 높이기 위해 자신을 낮춘 것이 아니었습니다. 예수님의 오실 길을 닦는 자신의 일을 매우 소중하게 여긴, 진정으로 겸손한 사람이었습니다. 그 많은 유다인들을 모두 회개하도록 이끌어 예수님을 맞을 수 있도록 준비시키는 일이 하느님께서 요한에게 맡겨주신 특별한 소명이라는 것을 잘 알고 있었던 것이지요. 예수님도 이를 아셨기에 당신보다 먼저 온 모든 "여자의 몸에서 태어난 사람 중에 세례자 요한보다 더 위대한 인물은 없다."^(마태 11, 11 참조)는 최대의 찬사를 보내셨습니다.

제가 감사드리는 것은, 하느님께서는 다른 사람들의 비난이나 소외로 쉽게 상처받는 저를 깨우치도록 곳곳에 스승을 두어 겸손을 가르치신다는 점입니다.

평소에 서울이든 지방이든 장소를 마다 않고 친지들에게 도움의 손길을 주시며, 저를 도와주시는 아주머니께서 이 글을 쓰고 있는 저에게 "저는 사람들에게 빚진 것이 정말 많아요. 저는 감사할 일밖에 없어요."라는 말을 하셨습니다.

요즈음 상처받은 일로 부쩍 힘들어하며 불평하던 제게 그분의 겸손한 마음이 그대로 전해지며 저 자신이 부끄러워졌습니다. 세례자 요한, 중성자 그리고 아주머니까지, 이렇게 하느님께서는 필요할 때마다 제게 스승님을 보내주십니다.

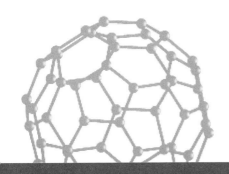

"누구든지 자신을 높이는 이는 낮아지고
자신을 낮추는 이는 높아질 것이다."

(루카 14, 11)

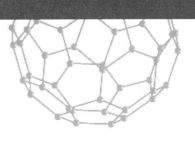

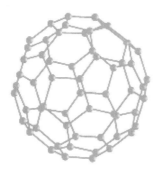

홀로 존재해도
완전한 단원자분자

안정을 추구하는 비활성 기체와 금속의 성질

원소(元素)들 중에 어떤 것은 2개의 원자(原子)가 함께 모여 분자를 만들어 존재하기도 하고, 어떤 것은 홀로 존재합니다. 우리가 잘 알고 있는 산소의 화학식은 O_2이고 수소는 H_2, 그리고 질소는 N_2로서 이들 원소들은 원자 2개가 함께 모여 존재합니다. 한편 헬륨이나 네온은 각각 He, Ne으로 홀로 존재합니다. 철이나 금 같은 금속도 원소 기호가 각각 Fe, Au로 홀로 존재합니다. 이와 같이 2개가 합쳐서 존재하는 원소를 이원자분자(二原子分子), 홀로 존재하는 원소를 단원자분자(單元子分子)라 합니다.

먼저 원소, 원자 그리고 분자가 어떻게 다른지 알아보도록 하겠습니다. 원소(element)는 화학적 방법으로 더 이상 간단하게 분리할 수 없는 순수한 물질로서, 물질의 종류를 분류하는 방법과 관련될 뿐 질량이나 크기와는 관계가 없는 개념입니다. 한편, 원자(atom)는 원소 물질을 이루는 질량을 가진 입자를 말합니다. 예를 들어, 우리 손에 금반지가 있다면 금 원소가 있다는 뜻이고, 이 반지를 계속해서 화학적인 방법으로는 더 쪼갤 수 없을 때까지 쪼갠 알갱이가 금 원자입니다. 그리고 원자가 결합하면 분자가 되고, 분자가 더 많이 모이면 우리 눈에 보이는 물질이 됩니다.

그러면 어떤 원소가 이원자분자로, 어떤 원소가 단원자분자로 존재할까요? 이를 알기 위해서 원소들을 번호 순서대로 나열한 주기율표와 각 원자에 있는 전자는 어떻게 원자의 궤도를 채우는지 알아볼 필요가 있습니다. 궤도는 전자가 움직이는 공간을 말하며 마치 양파 껍질처럼 겹겹

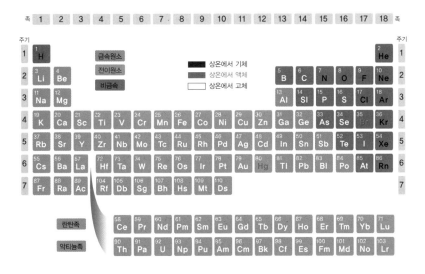

주기율표

으로 존재하므로 쉽게 전자껍질이라고도 부릅니다.

주기율표는 그림에서 보는 바와 같이 원자번호 순서대로 배열하여 만든 원소 분류표로 가로줄의 수는 7개이며 세로줄의 수는 18개입니다. 각 원자는 전자를 채울 전자껍질을 가지고 있는데 이 전자껍질 수가 동일한 원소를 원자번호 순서대로 나열한 가로줄을 주기(週期)라 합니다. 또한 가장 바깥껍질인 최외각(最外殼)에 있는 전자수가 동일한 원소를 원자번호 순서대로 나열한 세로줄을 족(族)이라 합니다. 같은 족에 있는 원소들은 물리적, 화학적 성질이 비슷합니다. 그러므로 주기율표는 간단히 말하면 7주기 18족으로 나누어집니다.

홀로 있어도 안정한 단원자분자

그 중에서 특별히 1족은 수소를 제외하고 알칼리금속, 2족은 알칼리토금속 그리고 17족은 할로겐족 그리고 18족은 비활성 기체라는 이름을 가집니다. 또 영어로는 'Inert Gas'라고 하며, 아무에게도 기댐이 없이 고고하다는 뜻으로 'Noble Gas'라고도 합니다. 이 18족의 원소들을 비활성 기체로 부르는 이유는, 이들 원자의 최외각에 전자가 완전하게 채워져 있어 안정한 상태가 되기 때문입니다. 완전하게 채워진다는 것은 1주기 원소는 첫 번째 껍질에 전자가 2개 있다는 의미이고, 2주기 원소는 바깥쪽 껍질인 두 번째 껍질에 8개, 3주기 원소도 8개, 그리고 4주기 이후에는 2족과 13족 사이에 전이금속원소 10개가 있으므로 그들의 전자까지 다 채우려면 10개가 더 필요하여 네 번째 껍질에 18개가 있다는 의미입니다. 그림에서 보는 바와 같이 원자번호 10번인 네온(Ne)은 첫 번째 껍질에 2개, 두 번째 껍질에 8개가 있어 비활성 기체입니다. 그렇게 되면 다른 원자와 결합하지 않은 채 홀로 있어도 안정하기에 단원자분자로 존재하는 것입니다.

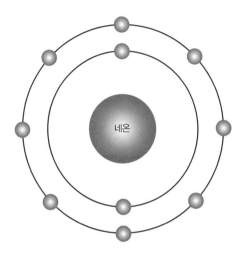

원자번호 10(2, 8)인 네온의 구조. 네온은 비활성 기체로 매우 안정하여 다른 원소나 화합물과 반응하지 않고 홀로 존재하는 단원자분자다.

전자를 공유함으로써 안정을 찾는 이원자분자

앞에서 수소나 질소는 원자 2개가 결합하여 각각 H_2와 N_2 등의 분자를 만들어 이원자분자로 존재한다고 했습니다. 왜 그럴까요? 인간 세계든 동물 세계든 일반 자연계든 어디를 막론하고, 그 안에 있는 모든 것은 안정을 추구하는 방향으로 나아가려 합니다. 우리 인간은 대부분 홀로 있기가 너무 외롭고 불안하여 친구를 만들거나, 이성의 경우에는 서로 만나서 사랑을 속삭이다가 결혼을 하며 안정을 구하려 합니다. 원자들도 마찬가지로, 2개 또는 그 이상의 원자들이 혼자 있을 때보다 에너지 면에서 더 안정적이기 때문에 서로 만나 분자를 만드는 것입니다.

전자가 각 껍질마다 완전히 채워졌을 때 그 원자는 안정한 상태가 됩니다. 그런데 전자가 완전히 채워지지 않은 원자는 함께 모여 분자를 만들게 됨으로써, 서로 전자를 공유하여 다 채울 수 있게 됩니다.

예를 들어 원자번호 1번인 수소 원자는 첫 번째 전자껍질에 1개의 전자(H·)를 가지고 있습니다. 이 수소 원자 2개가 만나면 그 껍질에 2개가 다 채워져서(H:H, H_2) 혼자 있을 때보다 더 안정해지기 때문에 이원자분자로 존재하는 것입니다. 원자번호 7번인 질소는 두 번째 껍질에 5개의 전자(: N :)를 가지고 있습니다. 질소 원자도 2개가 만나 질소 분자(: N : :N:, N_2)를 이루면서 전자 3개씩을 공유할 때, 각 질소 원자가 8개의 전자를 가지게 되어 안정하게 됩니다. 이와 같이 전자를 서로 주고받음으로써 최외각에 전자 8개를 채우려 하는 성질을 옥텟 규칙(octet rule)이라고 합니다.

단원자분자인 비활성 기체와 금속의 활약상

다른 원소들은 분자를 만들고서야 이룰 수 있었던 전자배치를 비활성 기체는 남의 도움 없이 이미 스스로 이루고 있으니 혼자서도 안정하여 한 개의 원자만으로도 분자가 되는 것이지요. 또한 언제라도 남들과 대응할 만반의 태세가 되어 있는 다른 원자들과는 달리, 속이 꽉 채워져 혼자서도 흔들림 없이 고고하게 서 있으니 'Noble Gas'란 이름 그대로 고귀한 기체, 또는 고상한 기체라고 부르는 게 당연하지 않겠습니까?

하지만 비활성 기체라고 해서 아무 일도 하지 않는 것은 아닙니다. 녹는점과 끓는점이 매우 낮은 성질이 있어 극저온 연구용 냉매로 사용됩니다. 헬륨은 혈액에 녹지 않고 압력이 감소될 때 기포를 만들지 않기 때문에 잠수병을 예방할 수 있어 산소와 혼합하여 잠수부의 고압산소통에 주입됩니다. 네온등의 붉은색은 네온사인을 이용한 광고판에 자주 사용되며 다른 비활성 기체를 첨가하여 여러 종류의 색깔을 낼 수도 있습니다. 아르곤은 금속의 주조·제련 등의 보호기체로 사용됩니다. 크립톤을 그대로 전구 속에 넣으면 필라멘트의 승화를 억제해 전구의 수명을 오래가게 하는 역할을 하며 보통의 전구에 들어가는 램프의 발광효율을 높인다고 합니다. 제논은 값은 비싸지만 불연성이며 체내에서 쉽게 제거되므로 마취제로 쓰이고, 라돈은 방사성 요법에 사용됩니다. 이렇게 홀로 서 있는 데 그치지 않고, 나서야 할 곳에서는 좋은 용도로 사용되니 비활성 기체야말로 진정한 의미의 고귀한 기체가 아닐까요?

그런데 홀로 존재하는 원소가 또 있습니다. 그건 금속입니다. 나트륨은 Na, 칼슘은 Ca 등으로 단원자분자입니다. 전이원소들도 금속이며 같은 속성을 가지지만, 여기서는 전형원소의 일반적인 금속을 이야기하겠습니다. 금속은 주기율표에서 보듯이 1, 2, 13족의 원소들로서 최외각에 있는 전자 수가 적어서(1~3) 전자를 잃기 쉬우며, 그렇게 됨으로써 비활성 기체의 전자배치를 얻어 안정하게 됩니다. 소금은 금속인 원자번호

11번의 나트륨과 할로겐족의 17번의 염소가 결합한 화합물입니다. 나트륨은 두 번째 껍질까지 10개를 채우고 세 번째 껍질에 전자 1개를 가지고 있습니다. 한편 염소는 세 번째 껍질에 7개의 전자를 가지고 있습니다. 그러므로 나트륨이 바깥 껍질의 전자 1개를 염소에게 주면 두 번째 껍질이 채워진 전자배열 상태가 되며, 염소는 전자를 받음으로써 세 번째 껍질에 8개가 됩니다. 이렇게 금속은 전자를 잃기 쉽기 때문에 반응성이 매우 큽니다. 그럼에도 불구하고 금속이 단원자분자라니 그들이 어떻게 결합하는지 궁금하지 않습니까?

금속의 최외각에서 나온 전자들은 공간에 자유롭게 있다고 하여 자유전자라 부릅니다. 이 전자들과 3차원의 격자 모양으로 되어 있는 금속들 사이에 정전기적인 인력이 작용하여 결합을 이루게 되는 것입니다. 이들이 정전기적 인력을 가지는 이유는 금속이 최외각의 전자를 잃었으므로 양전하를 띠고 전자는 음전하를 띠기 때문입니다. 이를 자유전자들이 양이온들 사이에서 전자의 바다를 이룬다고 표현하기도 합니다. 이 자유전자 때문에 금속은 높은 전기전도도와 열전도도를 가집니다.

또한 금속은 높은 연성(延性, ductility)과 전성(展性, malleability)이 있어 금속 물질이 끊어지지 않는 강도(剛度)를 지니게 하지요. 연성은 금속을 가늘고 길게 뽑아낼 수 있는 성질이고, 전성은 얇고 넓게 펼칠 수 있는 성질을 말합니다. 이러한 성질 때문에 목걸이, 귀고리, 반지 등의 장신구를 비롯해서 식기 등 여러 가지 모양을 만들 수 있는 것입니다.

이렇게 같은 단원자분자인데도, 비활성 기체는 그들의 전자껍질에 전자가 완전히 채워져 있어 혼자 있어도 안정한 상태에 있지만, 금속은 활성이 커서 혼자 있기보다는 호시탐탐 누군가와 만나서 결합하기를 원합니다. 이런 현상을 보며 우리 인간 세계에서도 혼자 지내면서 평온함을 유지하며 살아가는 사람들이 있는가 하면, 혼자서는 불안해 하며 누군가와 만나서 외로움을 해소하려고 늘 바쁘게 지내는 사람들이 있다는 생각을 하게 됩니다.

※ ※ ※

외로우면 반드시 불행할까

현대인들이 가장 많이 하는 고민은 무엇일까요? 아마도 소외당할지도 모른다는 두려움이 아닐까요? 굶주리고 헐벗어도 도움의 손길에서 외면당할 때, 그리고 물질적으로는 풍요롭더라도 문득 세상에 홀로 내팽개쳐져 있다는 쓸쓸한 느낌을 받을 때 우리는 외톨이라고 느끼며 좌절합니다.

프랑스의 화가이자 시인인 마리 로랑생(Marie Laurencin)은 유명한 「잊힌 여인」이라는 시에서 이렇게 말했습니다,

> 버림받은 여인보다도 더 불쌍한 여인은 쫓겨난 여인입니다.
> 쫓겨난 여인보다도 더 불쌍한 여인은 죽은 여인입니다.
> 죽은 여인보다도 더 불쌍한 여인은 잊힌 여인입니다.

성직자나 수도자처럼 혼자 사는 길을 스스로 선택하지 않더라도 요즈

음처럼 자녀를 적게 낳고 그들이 결혼하여 부모 곁을 떠나면 부부만 남게 됩니다. 부부는 같은 때에 세상을 떠날 수 없으니 어쩔 수 없이 누군가는 홀로 남아 살게 됩니다.

그렇게 홀로 살다가 아무도 돌보지 않는 가운데 죽을지도 모른다는 사실은 우리를 두렵게 하고, 그런 일은 우리 모두에게 닥칠 수 있는 문제입니다. 더구나 요즈음은 이혼하는 사람들도 많고, 또 젊은이들도 나이가 차면 부모의 집을 떠나서 오피스텔이나 원룸을 얻어 독립하는 경우도 많아 거의 네 집당 한 가구가 나홀로 가구라 합니다.

그런데 과연 홀로 사는 것이 외로움의 가장 큰 원인일까요? 그리고 외로우면 무조건 불행할까요? 외로움이 고통인 것은 단순히 혼자 있다는 사실보다는 혼자 있을 수밖에 없도록 소외된 상황 때문일 것입니다. '군중 속의 고독'이라는 말이 있듯이 사람들과 섞여 있다고 해서 우리 내면의 외로움이 사라지는 것은 아니라는 것을 자주 경험합니다. 실제로 외로움은 사람들과 관계를 가질 때 더 크게 다가옵니다. 잊힌 여인이 불쌍한 것도 다른 사람과의 관계에 의해 그렇게 된 것이지요.

직장과 같은 경쟁사회에서 겪는 갈등은 우리의 마음을 점점 닫아버리게 합니다. 그리고 그보다 더 고통스러운 것은 가족 간에 소통이 이루어지지 않는 것입니다. 그러기에 루소는 "사막에서 혼자 사는 것이 사람들 사이에서 혼자 사는 것보다 훨씬 덜 힘들다."고 했습니다. 홀로 있어 외로운 것보다는 홀로 있을 수 없어서 외로운 것이지요.

자신의 광야 들여다보기

어떻게 하면 홀로 있을 수 있을까요? 어떻게 잊히고도 불행하지 않을 수 있을는지요? 송봉모 신부의 저서 『광야에 선 인간』은 우리 안의 광야가 어떤 것인지, 하느님께서 야곱의 후손들을 광야에서 어떻게 이끄시는지, 그리고 우리가 어떠한 자세로 광야를 거쳐가야 할지를 보여주고 있습니다.*

광야는 황량하고 부족하고 외롭고 고통스러운 느낌이 드는 장소입니다. '탈출기'(출애굽기)는 이집트에서 종살이하던 야곱의 후손들이 광야를 지나 자유의 땅인 가나안으로 건너가는 과정을 그리고 있습니다. 그곳에서는 아무것도 할 수 없습니다. 그러므로 그곳에서 우리는 어쩔 수 없이 우리 내면에 있는 광야를 만나게 됩니다.

각 사람 안에 있는 광야는 제각기 다릅니다. 나를 초라하고 지치고 외롭게 만드는 그 무엇이 우리의 광야입니다. 이집트에서 가나안 땅으로 탈출하면서 야곱의 후손들이 광야에서 자기 정화를 통해 거듭나는 자기 정립의 과정을 거쳤듯, 내가 속한 가정과 공동체 안에서 참 자유와 해방이 이루어지기 위해서는 먼저 나의 광야가 무엇인지를 깊이 들여다보아야 합니다.

자신의 광야를 잘 들여다보기 위해서는 먼저 적나라한 자신의 모습을 바라보아야 합니다. 그렇게 참 자신을 만날 때 우리 안에 광야를 형성하는 것이 무엇인지 알게 됩니다.

| * 송봉모, 「광야에 선 인간」, 바오로딸, 1998.

어떤 사람은 권력에 대한 욕심 때문에 해서는 안 될 일을 저지릅니다. 때로는 자신의 영향력을 확대하고자 능력이 모자라는 사람을 단지 자기 사람이라는 이유만으로 중요한 자리에 앉히려 합니다. 그러다 일이 잘못되면 다른 사람들을 탓하며 광야를 만듭니다.

어떤 사람은 자신의 외모에 지나치게 집착한 나머지 화려하고 사치스럽게 치장하는 데 몰두합니다. 일부 젊은 여성들은 남의 눈을 의식하면서 몇 달의 봉급을 모아 분수에 넘치는 명품 백을 사고 비싼 옷을 입습니다. 사실 사람들은 남이 어떤 옷을 입건 그리 관심이 없는데 말이지요. 제가 오랜 미국 생활을 하고 우리나라에 돌아왔을 때 값비싼 외제 브랜드의 핸드백이나 시계, 옷 등을 명품이라 부르는 것을 듣고 좀 놀랐습니다. 그때까지 저는 명품이란 예술작품에만 해당하는 말인 줄 알았지요. 세월이 지나면서 가치관이 달라지니 말의 뜻도 변하는구나 싶어 씁쓸했습니다.

팔불출이란 말을 들을지 모르겠지만, 이번에 결혼식을 올린 제 둘째며느리 얘기를 하지 않을 수 없습니다. 결혼을 할 때 신부는 신랑 집으로부터 대강 이 정도의 예물은 받겠지 하고 은근히 기대하면서 친구들에게 그 예물을 자랑하고 싶어 합니다. 그런데 이 아이는 커플 반지, 그것도 어떤 보석도 박히지 않은 반지 하나면 충분하다며 다른 예물은 받지 않으려 했습니다. 그래도 제가 미국에 있을 때 사서 차고 다니던 30년도 더 된 시계를 주었더니 의미가 있어 더 귀하다며 기쁘게 받았습니다. 내면의 가치를 아는 그녀에게 제가 더 기뻐하고 고마워했던 것은 두 말할 나위가 없었지요.

외적인 것에 집착하는 것은 배우자를 선택하는 기준에서도 드러납니다. 상대방을 진심으로 사랑해서가 아니라 '이러저러한 사람과 결혼했다'는 과시용으로 선택한 결혼은 그 결말이 불보듯 훤합니다. 상대방이 성공적으로 일을 해나갈 때는 별 문제가 없지만, 어려움에 처했을 때는 배려하고 위로하기보다는 무능력을 탓하고 무시하게 됩니다. 이런 사람은 외적인 가치 기준의 광야를 만든 것이지요.

어떤 사람은 끊임없는 미움의 광야를 만들어 고통스러워합니다. 참으로 놀라운 사실은 내가 미워하면, 서로 만나지 않고 표현하지 않더라도 상대방도 나를 미워하고 있다는 점입니다. 물론 좋아하는 경우에도 마찬가지입니다. 그러기에 인간에게 영혼이 있음을 믿게 됩니다. 사랑도 미움도 상호 통로를 가지고 있는데 이런 사람은 미움의 책임을 남에게만 돌립니다. 이때 상대방이 아무리 잘못했다고 사과한들 그 사이가 편해지는 것은 결코 아닙니다. 끊임없이 미워할 이유를 다시 찾아내게 되므로 자신이 마음을 열지 않는 한 고통은 자신의 것으로 영원히 남게 됩니다.

또 어떤 사람은 열등감 때문에 매사에 남과 비교하고 남에게 인정받고자 애쓰는 초라한 모습으로 끝없는 광야를 헤매며 고통을 받습니다.

이 모든 것들은 사람들과의 관계에서 나를 외롭고 쓸쓸하게 하는 광야입니다.

키르케고르는 이와 같이 인간을 비인간으로 전락시키며 고통스러워하는 것은 '두려움' 때문이라 했습니다. 남을 의식하는 두려움이지요.[*] 두려

---

[*] S. 키르케고르, 최석천 옮김, 『죽음에 이르는 병』, 민성사, 1999.

우면 움츠러들고 회피하며 움켜쥐어 독점하고 해칩니다.[*]

다시 『광야에 선 인간』으로 돌아가 광야에서 우리는 무엇을 보아야 하며 어떻게 벗어날 수 있는지를 알아보겠습니다.

광야는 두 얼굴의 장소입니다. 광야는 한편으로는 힘겨움·황량함·외로움 등 생명의 위험을 느끼게 하는 고통의 얼굴을 보이는 장소요, 다른 한편으로는 놀라운 섭리와 보살핌이라는 얼굴을 보이는 장소입니다. 이 광야에서 어떤 얼굴을 쳐다보느냐에 따라 우리 생명의 존망이 달려 있습니다. 고통의 얼굴을 쳐다본다면 절망하고 하느님을 원망하게 될 것이요, 보살핌의 얼굴을 바라본다면 하느님은 우리를 도우실 것입니다.

하지만 실제 우리 생활에서 보살핌의 얼굴을 바라보기가 무척 힘이 듭니다. 왜냐하면 광야는 십자가를 동반하기 때문에 대체 내가 무슨 죄로 이런 일을 당하는가 하며 하느님을 원망하고 절망하기가 훨씬 쉽기 때문입니다. 이스라엘 사람들도 40년이나 광야를 헤매기보다는 차라리 종살이하던 이집트에서 그냥 죽는 편이 나았다고 끊임없이 불평했습니다.(탈출 16, 3 참조)

자유와 해방을 위해 마련한 광야

어떻게 해야 광야를 벗어날 수 있을까요? 광야는 벗어나려고 하면 할수록 더욱 깊이 들어가게 됩니다. 또한 자신의 힘으로는 아무리 해

| * 이성우, 『나는 나다』, 성서와 함께, 2004.

도 벗어날 수 없습니다. 왜냐하면 그 광야는 바로 내가 만들어낸 것이기 때문입니다.

그렇습니다. 그 광야를 남이 아닌 내가 만들었음을 받아들이는 생각의 전환이 일어날 때에야 비로소 벗어날 수 있습니다. 그런데 그것을 받아들이기는 또 얼마나 아픈지요? 광야를 지나가기보다는 포기하고픈 생각이 들 때가 바로 이때입니다. 이스라엘 사람들처럼 이집트에서 종살이하던 시절로 돌아가고 싶습니다. 그러나 이 시기를 잘 견뎌야 합니다. '나는 나'입니다. 다시는 신이 아닌 인간의 종으로 돌아가서는 안 됩니다. 하지만 어떻게 견딜 수 있을까요?

혹독하고도 어려운 시련이 계속되고 나의 힘으로 할 수 있는 모든 것을 해보다가 결국 내 힘으로는 아무것도 할 수 없다는 사실을 받아들이는 순간이 오게 됩니다. 철저하게 나의 무력함을 깨닫게 될 때 어쩔 수 없이 하느님의 손을 붙잡게 됩니다. 오직 하느님의 보살핌으로만 광야에서 벗어날 수 있음을 깨닫게 되는 순간이지요.

이때부터 하느님의 본격적인 돌보심이 시작됩니다. 모든 것을 하느님께 의탁하는 순간부터 하느님의 무한한 힘을 깨닫게 됩니다. 이 광야가 결국 나의 자유와 해방을 위해 하느님께서 마련해놓으신 자리였다는 것, 도저히 살아갈 수 없을 만큼 절망적인 상황에서 우리가 그나마 살아갈 수 있었던 것은 하느님의 돌보심 때문이었다는 것을 깨닫게 될 때 우리는 광야를 적극적으로 수용하게 됩니다.

결국 외로움은 내가 만들어낸 고통이었고, 남의 탓이라고 원망해봤자 남들은 내게서 점점 더 멀리 떠나가 더 큰 외로움에 빠지게 되고 맙니다.

나 자신을 돌아보며 내면으로 깊이 들어가 나의 광야를 받아들여 하느님과 하나가 될 때 외로움은 극복됩니다. 이러한 경지를 고독이라고 하지요. 『릴케의 편지』중「젊은 시인에게 보내는 편지」에서 릴케는 고독의 의미를 이렇게 이야기하고 있습니다.*

> 당신의 고독을 사랑하십시오. 그리고 그 고독이 당신에게 가져다주는 고통을 견뎌내어 아름다운 울림을 지닌 탄식으로 바꾸십시오. …… 당신에게 가까운 것들이 멀리 떨어져 있다고 당신은 말합니다. 그것은 이제 당신의 주변이 넓어지기 시작한다는 것을 보여주고 있습니다.

누군가 외로움은 쓸쓸함으로 인해 고통을 느끼며 홀로 있는 상태이고, 고독은 외로움을 느끼지 않으면서 홀로 있는 상태라 했습니다. 고독은 내 존재의 근원과 하나됨의 희열을 누리면서 홀로 있는 것입니다.

외로워하는 금속은 다른 원소들과 만나 전자를 줌으로써 노블가스와 같은 고독의 경지에 들면서 유용한 물질로 변화합니다. 금속도 노블가스도 모두 우리에게 필요하고 중요한 원소들입니다. 마찬가지로 외로움은 비록 고통스럽지만 사라져야 하는 것이 아니라 고독이라는 가나안 땅으로 가는 데 반드시 거쳐야 하는 과정입니다.

금속은 자신의 전자를 내어줌으로써 광야를 건너가는데 우리는 과연 무엇을 내어주면서 광야를 건너야 할까요?

---

* 라이너 마리아 릴케, 안문영 옮김, 『릴케의 편지』, 지식을 만드는 지식, 2012.

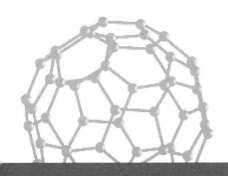

"그가 나를 부르면 나 그에게 대답하고
환난 가운데 내가 그와 함께 있으며
그를 해방하여 영예롭게 하리라."

(시편 91, 15)

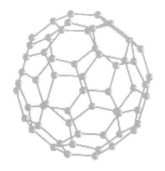

플라즈마의
산화 정신

제4의 물질상태인 플라즈마[*]

퀴즈 하나.

"지옥의 악마들에게 '극한의 상황에서 자신을 소멸시키며 남을 이롭게 하는 존재가 무엇이냐'고 묻는다면 뭐라고 대답할까요?"

제가 어느 모임에서 이 질문을 던져보았더니 1순위로 나온 대답이 '바보'였습니다. 만약 악마 중에 저처럼 화학을 전공한 자가 있었다면 남들보다 튀기 위해서 "플라즈마"라고 대답했을지도 모르겠습니다.

'플라즈마'가 무엇이냐고요?

물질은 가열함에 따라 고체, 액체, 기체의 세 가지 상태로 변하는데 기

| * 황영애, 《경향잡지》, 칼럼 '화학에게 길을 묻다', 2011. 9.

체 상태의 분자에 수천 도의 열을 가하면 원자로 갈라집니다. 원자(atom)는 그 어원이 '나눌 수 없는'이라는 뜻의 그리스어 아토모스(atomus)에서 온 것으로도 알 수 있듯 더 이상 쪼개지지 않는 입자로 알려져왔습니다. 그러나 현대의 과학에서는 그렇지 않습니다. 계속해서 4만°C 이상의 고온으로 가열하거나, 가속된 전자의 충돌에 의한 에너지를 가하거나, 마이크로파(micro-wave)를 쬐어주면 원자의 가장 바깥 족에 있는 전자가 궤도를 벗어나 원자의 양(+)이온과 이탈한 자유전자의 음(-)이온이 생성됩니다. 이를 원자의 이온화(ionization)라 합니다. 이 자유전자가 다시 충분한 에너지를 얻게 되면 다른 원자와 충돌할 정도의 속도를 내게 되어 또 다른 양이온과 전자가 발생하게 됩니다.

이렇게 계속해서 형성된 양이온과 전자들, 그리고 충돌하지 않은 중성 원자들을 합하여 플라즈마라 부릅니다. 양이온과 전자의 수는 같기 때문에 전체적으로는 중성이지만 전기를 통하는 성질을 가집니다. 그러므로 단순히 중성 기체와는 달라서 '제4의 물질상태'라 합니다. 그리고 플라즈마는 전자와 양이온이 모두 움직일 수 있다는 점에서 전자만 움직이는 다른 도체나 금속과도 차이가 있지요.

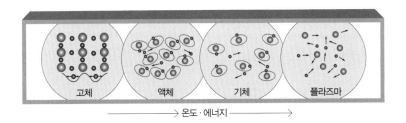

온도에 따른 물질의 4가지 상태

이렇게 생성된 전자들이 점점 증가하여 축적되면 각각 제멋대로 움직이던 것을 멈추고 마치 영화 〈라이프 오브 파이(Life of Pi)〉에서 경탄하며 보았던, 바다 속의 거대한 고래가 솟구칠 때 달빛을 받아 은빛으로 찬란하게 빛나는 모습처럼 흐르게 됩니다. 지구상에서는 이러한 플라즈마가 번개나 오로라 형태로 나타납니다.

자신을 부수며 묵묵히 봉사하는 플라즈마

어린 시절 작은 유리조각들이 햇살을 받아 영롱하고 눈부신 색깔로 빛나는 것을 보며 경이로움을 느낀 적이 있지 않습니까? 큰 조각에서는 결코 볼 수 없었던 빛이었지요. 산산 조각난 유리조각들에서도 영롱한 아름다움을 볼 수 있는데, 그보다 훨씬 작은 입자들이 깨어지니 더욱더 환한 빛을 발산하게 되는 것은 당연하겠지요.

지구상에는 매우 적은 양의 전기 아크, 번개, 네온사인 등의 플라즈마를 제외하고는 대부분의 물질이 고체, 액체, 기체 상태로 이루어져 있지만, 우주의 구성 물질은 99% 이상이 플라즈마 상태로 존재합니다. 태양과 같이 스스로 빛을 내는 별들의 중심이 1억°C 이상의 초고온 상태인데, 이러한 상태에서는 수소 같은 가벼운 원자핵들이 융합해 무거운 헬륨 원자핵으로 바뀌는 핵융합반응이 일어납니다. 이 융합 과정에서 나타나는 질량 감소가 엄청난 양의 에너지로 방출되어 플라즈마 상태를 유지시켜줍니다.

하지만 지구는 태양처럼 핵융합반응이 일어날 수 있는 초고온·고압

상태의 환경이 아니기 때문에, 자기장이나 레이저를 이용해 태양과 같은 환경을 인공적으로 조성하는 '핵융합장치'를 만들어주어야 합니다. 이와 같이 전자기장으로 생성되는 플라즈마를 이용하면 극한 상황이라 일컬을 정도의 높은 온도, 압력, 에너지, 전력, 자력 등을 얻을 수 있습니다. 저온 플라즈마도 있는데 이는 극히 낮은 압력인 진공 상태를 요하므로 이 또한 극한의 상태라 할 수 있습니다.

플라즈마는 이렇게 극한의 상태에서 다른 물질과 활발히 반응하여 대상물질의 물리, 화학적인 상태를 변화시키므로 플라즈마의 응용 분야는 날로 넓어지고 있습니다. 우리의 일상생활에서도 플라즈마 기술을 많이 접할 수 있습니다.

플라즈마를 이용해서 얇은 막 형태의 인조 다이아몬드를 얻을 수 있습니다. 자외선에 민감한 문화재나 예술작품을 보호하기 위해서 자외선이나 적외선을 포함하지 않는 빛을 가진 조명등을 제작하는 데 플라즈마가 쓰입니다. 또한 고분자 재료의 소수성, 친수성, 염색성, 접착성 등을 개선시켜주는 점을 이용하여 만든 기능성 내의나 의복, 등산복 등이 요즈음 많은 각광을 받고 있지요. PDP(Plasma Display Panel) TV는 브라운관이 아니라 유리 기판을 스크린으로 하고 기판 사이에 플라즈마를 발생시켜 컬러 영상을 만들어내는 TV를 말합니다. 기존 TV보다 무게나 두께를 현저히 줄일 수 있어 가정에서도 대형 화면의 영상을 감상할 수 있는 기회를 제공합니다.

이와 같이 플라즈마 장치는 종래의 설비에 비해 비교적 소규모로 가격이 싸고, 간단한 설치로도 같은 효과를 낼 수 있어 매우 경제적입니다.

이러한 이점 외에도 생산할 때 잔류 폐기물이나 기체 등의 오염물질이 감소할 뿐 아니라 공장의 배기가스 중 질소산화물이나 황산화물을 제거하는 공정까지도 건식 플라즈마 기술로 가능하기 때문에 환경 분야에서 계속 큰 역할을 해나갈 것으로 기대됩니다.

이제까지 플라즈마가 생성되는 과정과 이들의 특성으로 인하여 어떻게 첨단 산업기술로 사용되는지를 살펴보았습니다. 그것이 생성되는 온도는 최소한 수만 도여서, 우리가 일상생활에서 사용하는 가스불이 1900°C 정도인 것을 감안한다면 얼마나 뜨거울지 상상하기도 힘듭니다. 어떤 물질이건 가스 불에만 들어가면 지글지글 새까맣게 타버려 그 형태를 알아보지 못하게 되고 지저분한 것이 남지요. 이렇게 적당히 뜨거운 열로는 그저 더러운 찌꺼기만 남길 뿐입니다. 그러나 그보다 수백 배 뜨거운 온도에서는 산산조각 나는 것에서 그치지 않고 네 번째 상태의 물질인 이온 상태의 기체가 되어 빛을 발하기도 하고 산업적으로 인류에게 크나큰 도움을 주기까지 합니다. 그야말로 환골탈태(換骨奪胎)하는 것이지요. 작은 일을 하고도 자기를 내세우기 좋아하는 것이 우리네 인간인데, 플라즈마는 어느 물질에서 시작되었건, 처음의 본체는 드러내지 않은 채, 자신을 부수며 묵묵히 봉사하고 있으니 놀랍지 않습니까?

다시 처음의 퀴즈로 돌아가봅니다.

이번에는 '천국의 천사들'에게 같은 질문을 던진다면 어떤 대답이 나올 것 같은가요? 아마도 '순교자'가 아니겠습니까?

☆ ☆ ☆

톤즈의 성자 이태석 신부

순교자는 인간으로서 도저히 견딜 수 없을 정도의 고문을 당하는 극한 상황에서 '이 세상을 떠나서 그리스도와 함께 살고 싶은 마음 때문에'(필리 1, 23), 또 '그리스도 예수를 아는 지식의 지고한 가치 때문에'(필리 3, 8) 죽음의 길을 선택한 이들입니다. 어머니의 눈앞에서 혹은 자녀를 볼모로 배교를 강요하고, 극심한 고문으로 육신을 망가뜨려도 그들은 굳센 정신으로 마음의 평온을 잃지 않고 신앙을 지키며 순교했습니다. 순교는 그리스도와 함께 성부께 자기를 봉헌하는 행위이며 최상의 은혜요, 사랑을 증명하는 최고의 방법입니다.

한국 교회는 사대(四大)박해로 불리는 신유(辛酉)박해, 기해(己亥)박해, 병오(丙午)박해, 병인(丙寅)박해를 비롯하여 비교적 규모가 작았던 여러 박해를 통하여 창설된 뒤 100여 년 동안에 무려 1만 명에 이르는 순교자를 냈습니다. 이들의 순교 덕분에 한국 교회는 불사조와 같은 신앙의 생명력을 지니게 되어 심산유곡에 교우촌을 형성하면서 믿음의 불씨를 지켜나가 마침내 자유로운 신앙의 날을 맞게 되었으며, 1984년에는 순교한 선조들 가운데 103분이 거룩한 성덕(聖德)으로 성인의 반열에 오르게 되었습니다. 그랬기에 지금도 우리 모두의 가슴에 살아계신 '김수환 추기경'님 같은 훌륭하신 분을 배출할 수 있었지요.

아직도 그 이름을 떠올리기만 해도 가슴이 먹먹해지는 이 시대의 순교자적인 삶을 사신 분이 있습니다. 플라즈마처럼 자신의 삶을 사르고 산산이 부서져 우리의 마음속에서 찬란히 빛나게 된 이태석 신부(1962~2010년)가 그 주인공입니다.* 그의 삶은 다큐멘터리 영화 〈울지 마, 톤즈〉로도 제작되어 널리 알려졌었죠.

그는 초등학교 시절 동네 성당에서 벨기에 선교사 다미앵 신부의 일대기를 다룬 영화 〈몰로카이〉를 보고 다미앵 신부와 같은 삶을 살겠다고 다짐했다고 합니다. 다미앵 신부는 버림받은 몰로카이 섬의 한센병 환자들과 함께하는 것만으로도 모자라 스스로 한센병 환자가 되었던 사람이었습니다.

이태석 신부가 살레시오 수도회의 신학교에 입학하기에 앞서 의대에 먼저 진학하였던 것도 다미앵 신부처럼 환자들과 함께하기 위한 준비작업이었지요. 신학생 시절 여름방학을 맞아 그는 남수단의 톤즈를 방문하고는 헐벗고 굶주려서 뼈만 앙상하게 남아 있는 사람들, 한센병에 걸려 발가락이 떨어져나가도 맨발로 다니는 사람들, 병에 걸려도 속수무책으로 죽어가는 사람들, 교육도 받지 못한 채, 장기간의 내전으로 깊이 상처받아 작은 일에서도 싸움의 불씨를 만드는 아이들을 보며 깊은 충격을 받았습니다. 아이들이 미래에 대한 꿈이나 희망도 없이 길거리를 배회하며 하루하루를 시간이나 때우듯 살아가는 모습을 보며 그는 이곳에서 그들 안에 계신 예수님의 손과 발이 되어 함께 살아야겠다는 강한 소명의식을 갖게 되었습니다.

그의 저서 『친구가 되어 주실래요?』에서 그는 "예수님, 감사합니다!

---

* 이기상, 《경향잡지》, 칼럼 '다 살라서 다 살려라', 2012. 12, p.117.

전쟁의 상처와 아픔이 있는 곳, 처절한 가난이 있는 곳, 세상 어느 누구도 거들떠보지 않는 소외받는 이곳, 이 누추한 곳까지 찾아오셨네요! 감사합니다."라고 기도했지요. 지옥이나 다름없는 톤즈에서 고통 받고 있는 사람들 안에 계신 예수님을 알아보았던 것입니다.

사제 서품을 받은 후 톤즈로 가서 이 신부가 가장 먼저 한 일은, 의사로서 의료활동을 하는 것 외에 그 아이들의 손에 악기를 들려준 일이었습니다. 자신의 음악적 재능을 살려 오르간이나 리코더를 연주하며 그들에게 음악을 가르쳤습니다. 음악을 배우는 그들의 눈에서 차츰 기쁨과 희망을 보게 되었습니다. 그들은 가진 것이 없어도, 배불리 먹지 못해도 무엇인가 뜻있는 일을 한다는 것이 어떤 것인 줄 알게 되었겠지요. 그리고 자기들을 사랑해주는 분과 함께한다는 것만으로도 행복했을 것입니다. 그에 비하면 모든 것을 다 가진 우리들은 아이나 어른 할 것 없이 왜 그리 매사에 감사하기는커녕 우울해하고 불평을 많이 하는지요.

오히려 이 신부는 작은 것에서 행복을 찾아낼 줄 아는 그들에게서 힘을 얻었을지도 모릅니다. 그렇게 해서 그는 한국에 트럼펫, 색소폰 등의 악기를 후원해달라는 요청을 하기에 이르렀습니다. 또한 질병에 허덕이는 사람들을 위해 병원을 지어, 하루에 200~300명의 환자를 돌보는가 하면, 인근의 80여 개 마을까지 순회하며 진료했습니다. 그것도 모자라 한밤에 집에서 쉬는 중에 들이닥치는 환자들을 모두 받아들였습니다.

그뿐만 아니라, 환자를 돌보는 틈틈이 잠을 줄여가며, 한국에서 보내준 악기의 사용법을 독학으로 익히고 다시 아이들에게 가르쳐 드디어 남수단 유일의 브라스 밴드부를 만들었습니다. 후에 그들은 경축일이나 특별한 날에 국가의 초청을 받을 정도의 악단이 되어 그들 자신뿐 아니라 주위 사람들에게도 기쁨과 자부심의 상징이 되었습니다. 지구의 한 구석에 있는 존재조차 모르던 나라의 작은 마을에 한 사제의 사랑이 행복의 기적을 일으키고 있었습니다.

선교는 어떻게 해야 하는 걸까요? 지하철이나 길거리에서 "믿음 천국, 불신 지옥!"이라고 외치는 것이 과연 선교일까요?

한 사람에게 복음을 전하려면 그 사람의 영혼을 움직여야 합니다. 그러니 복음을 전하는 사람의 삶이 우리의 영혼을 사로잡는 감동을 줘야 가능한 것이지요.

플라즈마의 삶을 살다 빛으로 부활하다

이태석 신부는 그들이 행복할 수만 있다면 자신의 음악적인 재능뿐 아니라 그가 가진 사랑과 에너지를 아낌없이 다 쏟아부었습니다. 이 신부는 성당보다 학교를 먼저 지었습니다. 언뜻 생각하기에 신부로서 성당을 짓는 일이 더 시급해 보이지 않았을까요? 하지만 그들의 입장에서 생각하는 것이 예수님께서 바라시는 일이라 여겼기 때문에 학교를 먼저 지었습니다. 곧이어 초등, 중등, 고교 과정을 만들어 수학과 음악을 손수 가르치며 기숙사도 지었습니다.

'쵸나'라는 나환자촌에서의 일입니다. 그는 상처 난 맨발로 걸어다니는 나환자들을 도저히 그냥 두고 볼 수가 없었습니다. 그는 그들 하나하나의 발 치수를 손수 재고 본을 떠서 세상에 오직 하나뿐인 맞춤구두를 만들어주었습니다. 생애 처음으로 받아본 뜨겁고도 특별한 사랑에 그들은 얼마나 감동을 받았을까요?

자신의 몸을 아끼지 않고 진한 그리스도의 향기를 뿜어내는 이 신부의 곁에서 그들은 이런 것이 하느님의 사랑이 아닐까 하며 하느님 나라를 체험했을 테고 신부님과 영원히 함께하고픈 마음이 우러나왔을 것입니다. 이렇게 그들의 영혼을 움직여 하느님께로 인도하는 데는 그들을 안쓰럽게 여기고 돌보는 마음이 하느님을 알리는 그 어떤 말보다도 오히려 더 지름길이 되었던 것은 당연한 일이겠지요.

가난하고 소외되었던 이곳 사람들은 사랑을 전하는 한 사제에 의해 모두가 예수님의 사랑을 체험했을 뿐 아니라 자신들도 사랑을 베푸는 법을 배웠을 것입니다. 이것이야말로 이 땅에 천국을 만드는 길이요, 전쟁으로 얼룩진 나라에 평화를 가져오게 하는 길이 아니고 무엇이겠습니까?

그러나 2008년 11월 한국에 휴가차 잠시 입국하였을 때, 뜻밖에 대장암 4기를 진단받고 결국 이 신부는 그렇게도 사랑하던 톤즈로 돌아가지 못했습니다. 1년여의 암투병 끝에 톤즈의 아이들과 그를 아끼는 모든 사람들의 안타까운 염원과 기도를 뒤로한 채 2010년 1월 14일 그는 하느님의 품에 안겼습니다. 톤즈에 남겨진 아이들은 부모를 잃은 듯 이태석 신부의 그곳 이름인 '쫄리' 신부를 애타게 부르면서 그의 죽음을 받아들이기 힘들어하며 눈물을 흘렸습니다.

이 신부 자신은 암에 걸렸어도 말기가 될 때까지 치료받을 생각도 않은 채 모든 것을 바쳐 톤즈를 사랑했으니, 그분은 말 그대로 플라즈마의 삶을 산 것입니다. 육신은 부서졌어도 그들의 마음속을 비추는 찬란한 빛으로 부활하였습니다.

어느 날 '십자가의 길' 기도(예수 그리스도의 수난과 죽음에서 일어난 14개 사건을 묵상하는 기도. 각 사건에 따라 1~14처까지 기도함)를 바치는 중에 13처의 '예수님의 시신을 십자가에서 내림'을 묵상할 때, '죽어야만 십자가를 떠나는 것이구나.' 하는 생각이 들었습니다.

육신을 죽이는 적색 순교는 하지 못하더라도 자아를 없애는 백색 순교를 하라는 말씀이 들리는 듯해서 「순교」라는 시로 표현해보았습니다.

이웃에 대한 사랑으로 마음이 아파

몸을 산산 조각내고 찬란한 빛으로 다시 살아난 순교자

이 겨울, 내 몸은 아픈데도 자아는 펄펄 살아

마음만 산산 조각내며 죽어가던 나

예수님의 수난을 묵상하며 십자가의 길을 따라 걸으면

나도 십자가를 선물로 받아들일 수 있을까?

내 자아를 죽이고 십자가에서 내려올 수 있을까?

어떻게 죽이냐고 예수님께 여쭈니

"왜 죽이려느냐? 내게 주면 될 것을……."

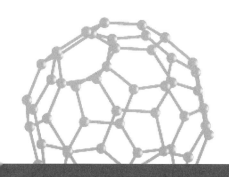

"그리스도께서는 우리의 비천한 몸을
당신의 영광스러운 몸과 같은 모습으로
변화시켜 주실 것입니다."
(필리 3, 21)

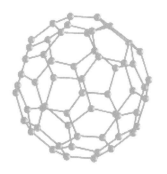

우리 가족은 어떤 **결합**을 하고 있습니까

이온결합과
공유결합

내어주고 받아들이는 이온결합

화학결합이라고 하면 우선 어감부터 딱딱하고 어렵게 느껴지지요? 그렇지만 우리가 눈뜨면서 만나는 것 가운데 화학결합으로 이루어지지 않은 것이 없습니다. 원자들은 때로는 같은 종류끼리, 때로는 다른 종류의 원자들과 모여 분자라고 부르는 더 큰 입자를 만듭니다. 이 분자 내에 있는 원자들 사이에 존재하는 상호작용을 결합이라고 합니다.

우선 숨 쉬는 데 필요한 공기의 주성분인 산소 분자는 산소 원자 2개가, 그리고 생명의 원천인 물 분자는 산소 원자 1개와 수소 원자 2개가 결합하여 만들어진 것입니다. 그 외에도 우리가 먹는 음식물, 의약품, 화장품, 눈 올 때 뿌리는 염화칼슘, 아니 멀리 갈 것 없이 당장 우리 몸을 이루고 있는 DNA 등 복잡한 이들 분자 안에 수없이 많은 화학결합이 포함되어 있습니다.

　이러니 우리가 아무리 화학을 어렵거나 골치 아프다고 피하려 해도 화학이라는 거대한 바다에서 도저히 헤어나올 수가 없겠지요? 화학결합에는 금속결합, 공유결합, 배위결합, 이온결합 등이 있습니다. 다음 시는 저의 먼저 책 『화학에서 인생을 배우다』에서 소개했지만, 아직도 그 감동의 여운이 남아 있어서 다시 인용합니다.

너는

너는 금속, 나도 금속

너와 나는 모두 전자를 잃어야

안정되는 운명

우리는 금속결합

너는 비금속, 나도 비금속

너와 나는 모두 전자를 얻어야 행복해지는 운명

너도 내놓고 나도 내놓고 우리 함께 소유하게 되었네.

우리는 공유결합

너는 금속, 나는 비금속

너는 전자를 잃어야 안정되고 나는 전자를 얻어야 행복해지는 운명

너는 내놓고 나는 얻으니 황홀한 결합으로 그 힘도 강하네.

우리는 이온결합

금속과 비금속

너와 나는 다르지만

저마다 신이 내려준 자연법칙을 따르니

내놓아도 얻어도 온 세상에 행복한 운명을 가져온다네.

출처: 대한화학회

　여기서는 전자를 한쪽은 내놓고 다른 쪽은 받음으로써 안정되는 이온결합과, 양쪽 다 얻어야 안정되는데도 불구하고 함께 내놓아 공유함으로써 다른 방법으로 안정되는 길을 찾는 공유결합에 관해 소개하려고 합니다. 원자가 전자를 내놓거나 받으려는 이유는 그렇게 함으로써 원자의 가장 바깥쪽 껍질의 전자를 모두 채워 안정되는 전자구조를 갖게 되기 때문입니다. 모두 채운다는 것은 첫 번째 껍질에는 2개를, 그리고 두 번째 이상의 껍질에서는 8개를 채운다는 뜻입니다.

　앞에서 말했다시피 이러한 전자구조를 가지는 원자들은 너무 안정하여 활성이 없기 때문에 비활성 기체라고 부릅니다. 그러므로 가장 바깥쪽 껍질, 즉 최외각에 1~3개의 전자를 가지는 금속원자는 같은 수의 전자를 내놓음으로써, 그리고 최외각 전자를 5~7개 가지는 비금속 원자는 각각 1~3개의 전자를 받아들임으로써 8개를 채우는 안정한 구조를 가질 수 있습니다. 그러므로 금속 원자는 전자를 내놓으려 하고, 비금속 원자는 전자를 받으려는 경향이 강합니다.

　금속과 비금속이 만나면 서로 각자가 좋아하는 대로, 금속은 전자를 내놓고 양전하(+)를 띠는 양이온이 되고, 비금속은 그 전자를 받아 음전하(-)를 띠는 음이온이 되어 이온결합을 하게 됩니다. 이온결합 화합물로 소금(NaCl)의 예를 살펴봅시다. 금속인 나트륨(Na)은 세 번째 껍질인 최외각에 전자 1개를 가지고 있어 1개를 내놓으면 가장 바깥 껍질이 된 두 번째 껍질에는 8개의 전자를 가지게 되고, 그 결과 (+1)의 전하를 가진 Na^+ 양이온이 됩니다.

한편, 비금속인 염소(Cl)는 세 번째 껍질인 최외각에 7개를 가지므로 1개를 받아들이면 최외각에 8개의 전자를 가지면서 Cl^- 음이온이 됩니다. 이들 금속과 비금속은 정전기적 인력으로 결합하고 있으니 모든 결합 중에서 가장 강한 결합이어서 이온결합 화합물의 끓는점, 녹는점은 매우 높습니다. 많은 이온결합 화합물은 물에 잘 녹는 성질이 있습니다. 그런데 신기한 것은 그렇게 강한 결합을 하고 있었지만 이들이 물에 들어가면 언제 그랬냐는 듯 그 결합이 끊어져 각 성분 이온으로 해리(解離)된다는 점입니다. 즉 NaCl의 경우에는 수용액에서 해리하여 Na^+와 Cl^- 이온으로 존재하며 전기를 통하게 해줍니다.

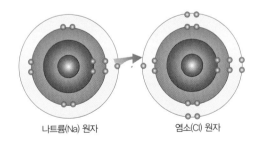

나트륨(Na) 원자   염소(Cl) 원자

염화나트륨(NaCl)의 이온결합

전자를 서로 공유하는 평등한 관계, 공유결합

한편, 비금속끼리 결합할 때, 서로 받아들이려고만 한다면 어떻게 될까요? 그렇게 되면 결합이 형성되지 못하겠지요? 하지만 그들은 자기들의 전자를 서로 공유하여 결합을 이룸으로써 안정한 구조를 만듭니다. 그래서 이들을 공유결합이라 부릅니다. 공유결합은 가장 간단한 수소 분자로부터 탄소동소체를 포함하여 유기화합물, DNA에 이르기까지 가장 광범위하게 적용되는 결합입니다.

원자번호 1번인 수소 원자는 첫 번째 전자껍질에 1개의 전자(H·)를 가지고 있으며 이 수소 원자 2개가 만나 전자를 공유하면 그 껍질에 2개가 다 채워진 수소 분자(H_2, H:H)가 형성되어 수소 원자로 혼자 있을 때

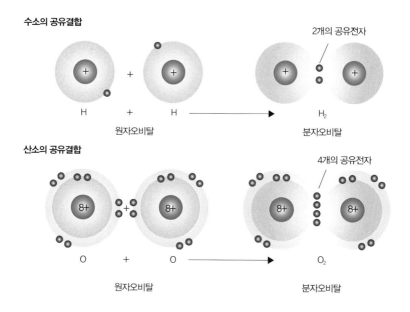

수소와 산소의 공유결합

보다 더 안정해집니다. 원자번호 8번인 산소는 첫 번째 껍질에 2개가 채워진 후에 남은 6개의 전자는 바깥쪽의 껍질인 두 번째 껍질로 갑니다. 산소는 8개를 채우기를 원하므로 다른 산소 원자로부터 2개의 전자를 받으면 됩니다. 한편, 상대방 산소도 같은 형편입니다. 이때 그들은 사이좋게 그림과 같이 서로 2개씩을 내놓아 4개를 공유함으로써 최외각에 다 같이 8개를 채울 수 있습니다. 전자 2개는 하나의 결합을 만듭니다. 그러므로 수소는 단일결합, 산소는 이중결합을 이루고 있지요.

이러한 원칙은 다른 종류로 만들어진 더 복잡한 분자의 경우에도 적용됩니다. 물 분자(H_2O)의 예를 들어보겠습니다. 산소는 8번이므로 최외각에 6개의 전자를 가지고, 수소의 최외각에는 전자 1개를 가지고 있습니다. 원자가 결합할 때는 최외각에 있는 전자만을 사용합니다. 즉 수소는 1개, 산소는 6개를 사용합니다. 그러므로 2개의 수소 원자와 1개의 산소가 만나 물 분자(H_2O)가 되면 중심에 있는 산소 원자의 전자들 중에서 2개는 따로 각 수소 원자와 한 개씩의 전자를 공유합니다. 그렇게 되면 두 개의 수소는 각각 2개의 전자를 가진 셈이 되고, 산소는 8개의 전자를 가지게 되므로 각자 원자 상태로 있을 때보다 안정해집니다.

$$\overset{\cdot\cdot}{\underset{\cdot\cdot}{\cdot O \cdot}} \ + \ 2H\cdot \ \rightarrow \ H\overset{\cdot\cdot}{\underset{\cdot\cdot}{:O:}}H$$

상대방의 존엄성을 인정하고 서로 신뢰하라는 교훈
이온결합 화합물과 달리 공유결합 화합물은 수용액이나 다른 용매에서도 그 결합이 끊어지지 않습니다. 이는 공유결합이 이온결합보다 더 강해서가 아닙니다. 그렇다면 이온결합이 더 강한데도 물에서 결합이 끊어지는 이유는 무엇일까요? 이온결합 화합물은 극성이 강하므로, 극성이 강한 물에 잘 녹습니다. 이 화합물이 물에 들어가게 되어 이온으로 해리되자마자 그 이온을 마치 게릴라처럼 물 분자가 따로 따로 에워싸서 양이온과 음이온을 떼어놓기 때문입니다. 이때 물 분자들은, 양이온 쪽으로는 전자밀도가 많은 산소가 마주하도록 둘러싸고, 음이온 쪽으로는 전자밀도가 적은 수소가 마주하도록 둘러싸면서 또다시 정전기적 인력이 작용합니다. 용매화(溶媒化, solvation)가 이루어지는 것이지요. 그러나 공유결합 화합물은 물에 녹아도 이온으로 해리되지 않을 뿐 아니라, 용매와의 정전기적 인력이 크게 작용하지 못하므로 용매화가 일어날 수 없어 결합이 그대로 유지되는 것입니다.

　이들 화학결합을 보며, 우리 가족 안에서 부모와 자식 간의 결합과 부부 간의 결합을 생각해보게 됩니다. 이온결합은 마치 자녀가 어릴 때는, 부모가 사랑이라는 전자를 내주며 양이온이 되고, 자녀는 사랑을 받는 음이온이 되어 강한 결합을 하며 살다가, 성인이 되어 물이라는 세상에 나가서는 아무런 미련 없이 서로 떠나야 한다고 말하는 듯합니다. 부모에게 기대지도 말고 자식에게 집착하지도 말라는 얘기지요.

　한편, 공유결합은 마치 남자와 여자가 서로 평등하게 손을 잡고 있는 모습처럼 보이지 않습니까? 사랑이 어느 한쪽으로 치우치지 않습니다. 세상을 살아가며 희로애락을 함께 나누고 그들이 처음에 했던 결심이나 결정이 비록 나쁜 결과를 낳게 되었더라도, 상대방의 탓으로 돌리기보다는 그럴 수도 있다며 함께 겪어내는 모습입니다. 상대방의 단점보다는 장점을, 섭섭함보다는 고마움을 발견하여 서로 다독이며 노년까지 함께 하는 그런 모습으로도 보입니다. 공유결합이나 이온결합 모두 상대방의 존엄성을 인정하고 서로 신뢰하라고 말하는 것 같지요?

☆ ☆ ☆

가족 간의 상처, 화해와 용서로 치유하기[*]

결혼을 앞둔 연인들은 불행한 결혼이란 남의 일이지 자신들에게 만큼은 절대로 닥치지 않을 거라 믿습니다. 배우자는 지금처럼 언제나 내 말을 잘 들어줄 것이고, 아기를 낳으면 둘이 함께 사랑을 듬뿍 주고 키울 것이라며 행복한 가정을 꿈꾸지요. 비록 본인들이 자랄 때는 티격태격하는 부모 사이에서 상처를 받으며 가슴 아픈 어린 시절을 보냈을지라도 본인들은 결코 그런 삶을 꾸려가지 않겠다고 내심 자신감도 가집니다.

그러나 결혼하고 나서의 삶이 과연 그런가요? 당황스러우리만치 여러 방면에서 문제가 터집니다. 그때까지 드러나지 않았던 두 사람의 성격 차이가 보이기 시작하고, 양쪽 부모님이나 친척들과의 마찰도 끊임없이 일어납니다. 저마다 갈등의 이유를 상대방에게 돌리며 그 스트레스를 죄 없고 힘없는 아이에게 풀기 시작합니다. "어, 이게 아닌데!" 하고 돌아보면 예전에 보아온 부모의 모습과 별로 다르지 않은 자신을 발견하게 됩

| * 황영애, 앞의 칼럼, 2011. 8, p.62.

니다.

사실, 우리 대부분은 어려서부터 좋은 학벌이나 직업, 소위 '스펙'을 얻으려고 전력 질주해왔습니다. 그 노력을 단란한 가정을 이루어 세상의 밝고 아름다운 모습을 선사하는 부모가 되는 데 조금이나마 나누어 기울였다면 얼마나 좋았을까요? 왜냐하면 부부 사이의 불화나 자녀와의 갈등 등 문제가 생기고 나서야 비로소 무언가 중요한 것을 놓치고 살아왔다는 것을 깨닫는 경우가 참으로 많기 때문입니다. 그것도 회복하기 너무 늦었다고 생각되는 때에 말이지요.

자식 또한 제 부모처럼 살지 않겠다고 선언해왔건만 과연 그렇게 말처럼 쉽게 되는 것일까요? 가족을 먹여살려야 하기에 남편은 밖으로 뛰고, 아내는 외롭지만 훗날을 기약하며 자녀교육을 혼자서 감당합니다. 그러는 과정에서 아이들이 잘되도록 이끈다는 것이 오히려 아이들에게 상처를 주게 되면서 과거 부모들이 했던 잘못된 생활방식이 끝없이 대물림됩니다. 이런 대물림은 끊어질 수 있을까요?

공유결합을 제대로 못하는 배우자에게 받는 상처도 고통스럽지만 이온결합이 제대로 안 된 부모와 자녀 사이에서 주고받는 상처는 뿌리가 송두리째 흔들려 정체성까지 잃을 정도로 훨씬 더 고통스럽습니다. 니체(F.W. Nietzsche)가 "부모를 향해 울 이유가 없는 사람이 어디에 있겠는가?"라고 말했을 만큼 자녀들은 부모에게 상처를 받습니다. 베르트 헬링어(Bert Hellinger)는 "많은 이들이 무의식적으로 부모에게 분노를 터뜨림으로써 스스로의 상처를 치료할 수 있을 것으로 기대하고 있지만, 부모의 한계와 역사를 이해함으로써 부모와 화해하지 않으면 그 상처는 치유될 수 없다."고 지적했습니다.

안젤름 그륀 신부와 마리아 로렌은 공저(共著)『어린 시절 상처 치유하기』에서 딸이 아버지에게서 받은 상처와, 딸의 그런 상처가 어떻게 부부간의 문제로까지 이어질 수 있는지, 그리고 그 치유 과정에 대해서 성경묵상을 통해 서술하고 있습니다. 성경에 등장하는 가족사에서 예수님은 늘 아들이나 딸이 아닌, 부모에게 관심을 기울이십니다. 치료가 필요한 것은 자녀만이 아니라 부모도 마찬가지이기 때문입니다. 그러나 예수님은 단 한 번도 자녀의 병을 부모 탓으로 돌리지 않으셨습니다. 그들이 빠질 수밖에 없었던, 그리고 자신의 힘으로는 벗어날 수 없었던 갈등관계에 대해서 잘 알고 계셨기 때문입니다.[*]

신뢰를 회복한 아버지와 딸의 이온결합

어느 날 예수님께서 호숫가에 계실 때 야이로라는 한 회당장이 와서 엎드리며, "제 어린 딸이 죽게 되었습니다. 가셔서 아이에게 손을 얹으시어 그 아이가 병이 나아 다시 살게 해 주십시오."(마르 5. 23) 하고 청했습니다.

야이로는 회당의 최고책임자인 회당장으로서 존경받는 사람이었습니다. 이런 사람들은 사회적·직업적 역할을 집에서도 하려는 경향이 강합니다. 아버지가 자신의 권위를 종교적으로 주장할 경우, 딸은 그에 대해

---

[*] 안젤름 그륀, 마리아 로렌, 김세나 옮김, 『어린 시절 상처 치유하기』, 21세기북스, 2010.

어떠한 반대 주장도 할 수 없게 됩니다. 아버지로부터 무시당하는 딸들의 반응은 대개 아버지의 마음에 들기 위해 애쓰거나, 성과를 통해 관심을 끌려고 하거나, 아니면 아버지에게 반항하는 것입니다. 어느 경우나 딸의 정체성은 억눌려지고, 결국 내적 공허함만 남게 됩니다.

어쩌면 아버지에게 무시당하던 야이로의 딸도 살아남기 위해 이러한 반응을 보였는지도 모릅니다. 그러나 그녀는 살아남기는커녕 점점 죽음의 나락으로 빠져들었습니다. 아버지는 딸을 살려보려 노력했으나 허사였습니다. 갈등과 직접적으로 관련이 있는 사람은 갈등을 해결할 수 없습니다. 딸에게 필요한 것은 아버지의 손에서 벗어나도록 도움을 줄 수 있는 제3의 해방자입니다. 아버지는 자신의 무력함을 인정하고 예수님의 손에 문제를 맡겨야 합니다.

예수님은 치유의 첫 번째 단계로 아버지를 비난하지 않은 채 "두려워하지 말고"(마르 5. 36)라고 하시며 그가 갖고 있는 걱정을 직시하도록 하셨습니다. 그래야만 그 걱정으로부터 자신을 분리하게 되어 자신의 문제가 무엇인지 깨닫게 되기 때문이었습니다. 이렇게 먼저 아버지를 치유하십니다. 두 번째 단계는 "믿기만 하여라."(마르 5. 36) 하시면서 걱정하지 말고 그의 딸이 모든 위기를 뚫고 나와 자신의 길을 찾게 될 것을 굳게 믿어야 한다고 하셨습니다. 치유의 마지막 단계로 예수님은 야이로의 딸에게 "일어나라!"(마르 5. 41) 하시어 그녀의 내면에서 자기 스스로를 돕게 하는 용기를 일깨워주셨습니다. 이로써 아버지와 딸은 서로를 신뢰하고 놓아줌으로써 빛나는 이온결합이 완성되었습니다.

상처를 치유받은 여인의 원만한 결혼생활, 공유결합의 완성

이 복음에는 또한 12년 동안 하혈하는 여인의 치유에 관한 내용이 들어 있습니다.[마르5, 25-34] 그 여인은 예수님의 소문을 듣고 군중에 섞여 예수님의 뒤로 가서 '내가 저분의 옷에 손을 대기만 하여도 구원을 받겠지.'라고 생각하며 몰래 그분의 옷에 손을 대었습니다. 과연 곧 출혈이 멈추고 병이 나은 것을 몸으로 느낄 수 있었습니다.

예수님께서는 힘이 나간 것을 아시고, "누가 내 옷에 손을 대었느냐?" 하고 물으셨습니다. 그 부인이 두려워 떨며 나와서 예수님 앞에 엎드려 사실대로 다 아뢰자 예수님께서는, "딸아, 네 믿음이 너를 구원하였다. 평안히 가거라. 그리고 병에서 벗어나 건강해져라." 하셨습니다.

그륀 신부는 12년간 하혈증을 앓아온 여인의 모습에는 아버지로부터 받은 상처로 고통 받는 소녀가 성인이 되어 결혼을 하면 어떻게 될지가 반영되어 있다고 했습니다. 야이로의 딸 이야기에서 언급한 것처럼, 그녀는 자신의 모든 재산과, 피가 상징하는 자신의 생명력과 사랑을 모조리 바쳐야만 남편의 사랑을 받을 수 있다고 생각하는 유형의 여인이었습니다.

치유의 첫 단계는 하혈증을 앓는 여인이 자신의 피와 재산을 내어주는 일을 그만두는 데서 시작됩니다. 주는 것을 중단하고 무엇이든 받아야 합니다. 물질적인 것만이 아닙니다. 그래야만 피를 흘려 점점 소진되어 왔고 공허하게 느껴졌던 삶에 종지부를 찍을 수 있습니다. 그녀가 한 것은 예수님의 옷자락을 잡는 것이었습니다. 그것도 아무도 모르게. 그녀는 받는 것에는 전혀 익숙하지 않기 때문입니다. 우리네 여자들의 삶을 그대로 대변하는 듯합니다.

두 번째 단계는 여인이 자신의 모든 진실을 말할 용기를 내는 것입니다. 유다인들은 하혈을 불결한 것으로 생각했기에 군중 앞에서 사실을 말하는 것은 수치스러웠을 것입니다. 그러나 말하지 않고 돌아갔다면 병의 증상은 치유될 수 있었겠지만 영혼은 치유될 수 없었을 것입니다. 우리는 무한한 신뢰와 사랑을 주는 사람 앞에서 모든 진실을 말할 수 있어야 합니다. 그럴 때에야 비로소 우리가 완전히 받아들여지는 경험을 할 수 있기 때문입니다.

마지막 단계로, 예수님은 "딸아"라 말씀하시며 그녀와 특별한 관계를 만들어 서로의 존재를 인정하여 그녀의 자존감을 높여주셨습니다. 또한 그녀의 믿음을 인정함으로써 그녀가 가진 건강한 내면의 자원을 일깨우시며 미래의 건강을 약속하십니다. 여인은 이제 더 이상 아버지의 상처로부터 영향을 받지 않습니다. 자긍심이 생긴 그녀는 당당하게 남편에게 자신의 요구사항을 말할 수 있습니다. 결혼생활이란 결코 한쪽만의 희생으로는 유지될 수 없습니다. 이렇게 그녀는 치유됨으로써 양쪽이 함께 손을 내밀어 잡고 가는 공유결합을 이룰 수 있게 됩니다.

평등의 공유결합과 신뢰의 이온결합을 이루는 가정

부끄럽게도 저의 공유결합은 아직 미완성이지만, 큰아들과 이룬 이온결합 이야기를 할까 합니다. 저는 아들에게 신뢰를 보내기보다는 회당장 야이로가 되어, 상처를 주면서 키웠습니다. 자존감이 부족한 저의 집착이 문제였음을, 신앙을 갖게 된 나이 50을 넘기고야 깨닫게 되었으니 저는 참으로 바보입니다. 그 이후로는 아들에게 미안한 마음이 가슴 한편에 늘 자리하고 있었으나 용기가 없어서, 그리고 받아줄지 두렵기도 해서 표현을 못하고 지냈습니다.

큰아들은 현재 미국에서 학위를 마친 후 그곳에서 직장생활을 하며 잘 지내고 있지만, 여러 가지 문제로 힘들어하던 때 다행히도 저와 많은 이야기를 할 기회가 있었습니다. 그런 중에 아들과 화해할 수 있어서 얼마나 감사했는지요.

그때 아들은 엄마가 상처를 줄 수밖에 없었던 환경을 다 이해한다고 하였습니다. 그러나 엄마는 당시에 분노를 조절할 수 있는 어른이었고, 자기는 아무 방어도 할 수 없는 어린 아이였다는 것을 생각해달라고 했습니다. 자기에게 잘못했다고 용서를 청했으면 좋겠다고 하더군요. 어쩌면 그렇게 아픈 얘기를 그다지도 잔잔하면서도 따스하게 하던지 갑자기 제 안에 있던 미안함과 죄책감이 더 크게 몰려오며 아들과 저 사이의 벽이 와르르 무너지는 것을 느꼈습니다. 제게 마구 소리를 질렀다면 아마도 제가 방어를 했을지도 모르겠습니다. 저는 어떤 말로도 변명을 할 수 없으며 오직 미안할 뿐이라고 울며 용서를 청했습니다. 그리고 이런 기회를 주어 고맙다고 했습니다. 그랬더니, 조용히 "이제 됐어요." 하는 게 아닙니까? 아들은 이미 용서할 준비가 되어 있었던 겁니다. 그날 대화의 끝에 그는 처음으로 제게 먼저 "엄마, 사랑해요."라고 했습니다. 그 속에 어찌 그렇게 큰 마음을 가질 수 있었는지 주님께 감사할 뿐이었습니다.

어쩌면 아들은 저와 더 많이 소통하고 싶었는지 모릅니다. 이런 날을 위해 주님께 맡기며 기도해온 저는 크게 위로를 받았습니다. 아들은 자기 아들이자 저의 손자에 대해, "혹시 제 아들이 어떤 면에서 늦게 가더라도 저는 충분히 기다려줄 거예요."라고 했지요. 저는 "네가 내 아들인 것이 자랑스럽고, 주님께 감사할 따름이다." 하였습니다. 그제야 저는 아들을, 아들은 저를 자유로이 떠나보낼 수 있었습니다. 지난여름 동생의 결혼식에 나온 아들은 편안한 얼굴로, "이제는 엄마 생각만 하시고 건강하게 지내세요." 하며 떠났습니다.

이와 같이 우리가 어린 시절에 겪은 마음의 상처는 우리를 고통스럽게 하면서도 성숙할 기회를 제공합니다. 성경을 묵상하면서 그 상처를 직시하고 화해를 할 때 우리가 가진 가능성을 발견하게 되므로 상처는 진주가 될 수 있습니다. 자신의 내부에서 치유의 힘을 발견할 수 있습니다. 자신을 치유할 수 있으면 타인의 치유도 가능해지므로 우리의 삶은 나와 타인을 위한 축복의 장으로 변화될 것입니다. 그렇게 될 때 가족들 간에 평등의 공유결합과 신뢰의 이온결합이 이루어지게 되어 상처로 얼룩진 삶의 대물림은 끊어질 수 있지 않을까요?

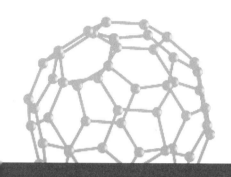

"믿음의 기도가 그 아픈 사람을 구원하고,
주님께서는 그를 일으켜 주실 것입니다.
또 그가 죄를 지었으면 용서를 받을 것입니다."

(야고 5, 15)

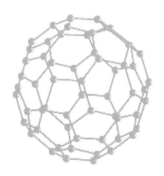

정제염과
천일염

배추를 천일염에 절이는 이유

우리나라 사람들이 즐겨 먹는 음식 중 빼놓을 수 없는 것은 단연 김치입니다. 저도 미국에 처음 유학을 가서 기숙사에 있던 시절, 향수병에 걸려 많이 울기도 했지만, 유독 김치가 먹고 싶어서 잠 못 이루며 훌쩍였을 정도로 김치를 좋아했습니다. 냄새 나는 김치를 먹기 위해서 학교에서 가까운 기숙사를 두고 훨씬 거리가 먼 아파트로 옮겼으니 제 김치 사랑이 어느 정도인지 짐작하겠지요? 이렇게 좋아하니 다른 음식에는 그렇지 못한데, 김치에 관한 한 미식가가 되었습니다.

유학 시절, 시간은 별로 없는데 김치가 먹고 싶어서 재료 준비부터 그릇에 담기까지 30분이면 뚝딱 끝낼 수 있는 양배추 김치를 담가먹곤 했습니다. 방학 때 외국 친구들을 초대해서 이 양배추 김치를 내놓았는데 뜻밖에도 얼마나 맛있다고들 하는지 담그는 방법을 알려달라고 성화였습니다. 그 중에서 이스라엘 친구는 정말 맛있게 담가서 제게 다시 선물로 주었고, 그걸 보고 미국 친구도 담그겠다고 도전하더니 얼마 후 실패했다고 연락이 왔지요. 고춧가루가 영어로 'red pepper'인데 'red'를 못 보았는지 그냥 'pepper(후춧가루)'를 넣고 담갔으니 그 결과가 어떠했겠습니까? 정말이지 얼마나 웃었는지 모릅니다.

김치를 맛있게 담그려면 어떤 과정이 가장 중요할까요? 바로 배추를 절이는 과정입니다. 너무 짜지도 싱겁지도 않게 배추의 싱싱함을 유지하면서 절여야 하지요. 그러려면 소금의 선택이 중요합니다. 우리의 주부들은 예로부터 순수한 소금인 정제염이 아니라 천일염을 사용하여 배추를 절여왔습니다. 혹시 정제염으로 절여본 일이 있습니까? 정제염은 바닷물을 전기분해한 후에 이온수지로 만든 막으로 불순물과 중금속 등을 제거하여 염화나트륨만을 걸러낸 소금을 말합니다. 학교의 화학실험실에서도 소규모로 염화수소 가스를 생성하여 시판되는 천일염을 물에 녹인 용액에 통과시킴으로써 간단히 정제할 수 있습니다. 이 정제염으로는 배추가 너무 급하게 푹 절여져서 김치의 아삭거리는 맛이 사라지게 되지요. 그래서 천일염을 사용하는 것입니다.

어느 일간 신문에 마침 천일염에 관한 유익한 기사가 실렸습니다.* 천일염은 바닷물을 염전에 가두어 햇빛과 바람만을 이용하여 증발시켜 만든 소금입니다. 처음에는 물 표면에 얇은 소금막이 형성된 뒤 소금 결정

| * 〈조선일보〉 2007년 12월 19일자.

(結晶)이 만들어집니다. 천일염은 염전 바닥의 모양에 따라 토판염(土版鹽)과 장판염(壯版鹽)으로 나뉜다고 합니다. 토판염 방식으로 생산하는 염전은 흙바닥이고, 장판염은 비닐장판이나 타일 등을 깐 매끈한 바닥에서 생산합니다. 토판염에는 바닷물의 미네랄 외에 흙 속의 미네랄, 아미노산, 유기화합물 등이 함께 들어갑니다. 이들 성분이 강한 짠맛을 내는 염화나트륨을 감싸고 있어, 소금이 독특한 향(香)을 내거나 부드럽고 단맛을 내도록 해줍니다.

세계적인 천일염 생산국은 프랑스, 포르투갈, 호주, 멕시코, 일본 등입니다. 세계적인 명품 소금으로 인정받고 있는 것은 토판염 방식에 따라 제조된 프랑스 게랑드(Guerande) 소금입니다. 일본 출신으로 프랑스의 환경운동가인 고린 고바야시는 『게랑드의 소금 이야기』에서 "게랑드 소금의 향은 이 지역 바닷물에 서식하는 식물성 플랑크톤의 작용 때문"이라고 말했습니다. 우리나라 소금도 장판염뿐 아니라 토판염 방식으로도 만들어지기 때문에 외국의 유명 소금보다 미네랄이 더 풍부하고 맛이 좋습니다.

실제로 2007년 이탈리아 나폴리에서 열린 제1회 세계소금박람회(Salt Expo) 품평자료에 의하면 우리나라 서해안에서 생산되는 천일염은 염화나트륨 성분이 81.75%로 프랑스 게랑드 소금의 89.57%보다 낮았고, 미네랄 성분도 3~4배 높은 것으로 나타나 우수한 소금으로 인정받았습니다. 대표적인 미네랄 성분은 염화마그네슘($MgCl_2$), 황산마그네슘($MgSO_4$), 황산칼슘($CaSO_4$), 황산칼륨(K_2SO_4), 그리고 철의 염류 등입니다.

이와 같이 천일염에는 소금 이외의 다른 성분들이 많이 포함되어 있으므로 정제염보다 덜 짭니다. 그런데 천일염을 덜 짜게 만드는 결정적인 요인이 또 있습니다. 염화마그네슘은 무수물(無水物, anhydride, 화합물에서 물 분자가 빠져나간 형태의 화합물) 외에 2, 4, 6, 8, 10, 12개의 물 분자를 머금은 수화물(水化物, hydrate, 분자 형태로 결합되어 있는 물을 포함하는 화합물)이 있으나, 보통은 6수화물($MgCl_2 \cdot 6H_2O$)로 존재합니다. 황산마그네슘은 한 분자가 무려 일곱 분자의 물을 품어 7수화물($MgSO_4 \cdot 7H_2O$)을 만들 수 있습니다. 무수물일 때는 경석고(硬石膏)라 부르는 황산칼슘은 2개의 물을 품으면($CaSO_4 \cdot 2H_2O$) 석고, 반 개의 물을 품으면($CaSO_4 \cdot \frac{1}{2}H_2O$) 소석고라 부르는 물질로 존재하지요. 이렇게 미네랄 성분들은 단맛을 포함하여 부드럽고도 독특한 맛을 낼 뿐 아니라 각각 공기 중의 수분을 흡수하여 수화물을 만드는 조해성(潮解性, 고체가 대기 속에서 습기를 흡수하여 녹는 성질)이 있기 때문에 덜 짜게 만드는 역할을 하면서 천일염을 명품으로 만들어줍니다.

그러면 덜 짠 소금으로 절이면 왜 배추가 싱싱하게 유지될까요? 그건 삼투현상 때문입니다. 삼투현상이란 용매가, 용액의 농도가 낮은 쪽에서 높은 쪽으로 반투막(半透膜)을 통하여 이동하는 현상입니다. 여기서 말하는 반투막이란 매우 작은 구멍이 무수히 뚫려 있는 얇은 막을 말합니다. 어떤 물질이 반투막을 통과하려면 반투막의 구멍 크기보다 물질의 크기가 작아야 합니다. 삼투현상에서는 반투막의 구멍이 그 어떤 용질의 크기보다 작기 때문에, 여기서는 용매인 물만 통과할 수 있습니다. 배추에 소금을 뿌리면, 배추 안쪽보다 바깥쪽의 소금의 농도가 높아집니다. 이

때 배추의 세포막이 반투막 역할을 합니다. 소금이 너무 짜면 안팎의 농도가 같아질 때까지 수분이 나와야 하므로 방출 속도가 빠를 뿐 아니라 그 양도 훨씬 많아지게 되어 배추는 수분을 거의 머금지 못하고 숨이 푹 죽게 됩니다. 생생함을 주는 수분은 안에 있지 못하고 배추의 바깥쪽으로 계속해서 나오게 되는 것이지요. 그러나 천일염으로 절이면 덜 짜기도 할 뿐 아니라 함께 존재하는 염들의 조해성으로 인해 빼앗겼던 수분이 다시 세포막을 통해서 배추로 들어가게도 되므로 배추는 싱싱함을 더 잘 유지할 수 있는 것입니다.

왜 미네랄 성분이 인체에 좋을까

우리의 몸은 무기질을 합성하지 못하기 때문에 음식물을 섭취함으로써 이를 얻을 수 있습니다. 인체 구성의 3%밖에 차지하고 있지 않지만, 미네랄은 없어서는 안 될 중요한 성분입니다. 천일염에 있는 무기물에는 우리 몸에 필수적인 미네랄 성분이 많습니다. 이것이 인체에 미치는 영향에 대해 좀 더 살펴보겠습니다.

칼슘이 우리 몸의 뼈를 구성하는 데 꼭 필요한 물질이라는 것은 다들 알고 있습니다. 칼슘은 알칼리성으로, 육류 섭취 등으로 산성화된 체액을 중화시켜주는 중요한 역할을 합니다. 그리고 인체 내에서 칼슘의 양이 항상 일정하게 유지되어야 모든 생리작용이 활발하고 정확하게 정상적으로 돌아가게 됩니다. 만약, 칼슘의 양이 부족해지면 칼슘이 관여하는 인체 내의 생리작용이 멈추게 됩니다. 이런 위험이 닥치면 뼈에 저장

됐던 칼슘이 빠져나와서 혈액 내에 칼슘을 보충해주지만, 대신에 칼슘 부족으로 뼈는 골다공증이나 심각한 다른 병변을 일으키게 됩니다.

칼슘 못지않게 우리 몸에서 중요한 역할을 하는 무기질이 바로 마그네슘입니다. 마그네슘은 당질, 지질, 단백질의 대사 및 합성에 관여합니다. 또한 에너지 대사에 필수 물질이며 근육과 혈관을 이완시키는 작용을 합니다. 그러므로 콜레스테롤 수치와 혈압을 강하시키는 데 큰 역할을 하지요. 또한 마그네슘은 혈당을 조절하는 인슐린 생산에 필수 요소이므로 당뇨병 환자에게 도움이 됩니다.

그런데 재미있는 것은 마그네슘이 마음을 안정시켜주는 '천연의 진정제'라고 불린다는 점입니다. 신경전달 물질인 아세틸콜린(acetylcholine)의 분비를 감소시키고 분해를 촉진하여 신경을 안정시키는 역할을 하기 때문이지요. 그런데 칼슘의 흡수량이 많아지면 마그네슘의 흡수량이 적어지고 그 반대도 마찬가지입니다. 이들의 균형이 맞지 않으면 대사에 이상이 올 수 있으므로 칼슘제를 복용할 때는 반드시 마그네슘이 함께 포함된 제제를 선택하는 것이 좋습니다. 마그네슘이 결핍되면 발육부진, 신경과민증, 근육통, 협심증 등 여러 가지 병을 일으킵니다.

나트륨과 칼륨은 체액의 산·알칼리 평형을 유지시켜주고, 당질과 단백질 대사 과정에도 중요한 역할을 합니다. 나트륨은 세포 외액(外液)에, 칼륨은 세포 내액(內液)에 존재하여 중요한 생리작용에 관여하며 혈압을 유지시켜주는 데 중요한 역할을 합니다. 나트륨이 결핍되면 다뇨(多尿), 설사, 요산증 등이 생기고, 칼륨이 결핍되어도 설사, 구토, 요산증 등이 생깁니다. 그러나 나트륨을 과다하게 섭취하면 혈압이 높아지고, 몸 밖으로 배출될 때 칼슘과 함께 배출되어 골다공증을 유발하므로 음식을 짜게 먹지 않도록 유의해야 합니다.

✿ ✿ ✿

세상에 어떤 소금이 되어야 할까

예수님께서는 우리에게 세상을 비춰주며 자신을 성찰할 수 있게 하는 빛과 부패를 방지하는 소금이 되라 하셨습니다. 저는 순수한 소금인 정제염과 미네랄이 더해져 독특한 맛을 내는 천일염을 비교하면서 예수님께서는 우리가 신앙적으로 어떤 소금이 되기를 바라시는지 묵상하게 되었습니다.

신앙인들은 저마다 다양한 모습으로 신앙생활을 합니다. 영성생활이란 하느님의 은총을 깨닫고 이에 응답하는 생활입니다. 그 은총에 응답하기 위해 우리는 감사와 찬양의 기도를 드리거나, 하느님께 받은 것을 봉헌의 형태로 되돌려드리기도 하고, 힘들어하는 사람들의 이웃이 되어주기도 합니다. 또 신기하게도 그렇게 하는 중에 은총을 깨닫게 되기도 합니다. 그렇게 보면 응답과 깨달음은 한몸에 붙어 있는 지체 관계인 것 같습니다

그런데 응답하는 생활을 누구보다 열심히 하는 것 같지만 내면으로는 성장하지 않아 깨달음이나 결실이 없는 신앙생활을 하는 사람도 의외로 많은 것 같습니다. 하루도 빠지지 않고 미사에 참례하고, 각종 봉사활동에도 열심히 참여하면서 기도를 하루에 몇 시간씩 하는 사람들이 있습니

다. 그들 중에는 가까이 다가가면 왠지 숨이 막힐 것 같은 사람들도 더러 있습니다. 그런 사람들의 대부분은 자신의 신앙생활에 대한 만족감과 자부심이 매우 강합니다. 마치 루카 복음에 나오는 바리사이처럼 말이지요 (루카 18, 10-14 참조).

바리사이는 성전에서 꼿꼿이 서서 혼잣말로, "오, 하느님! 제가 다른 사람들, 강도짓을 하는 자나 불의를 저지르는 자나 간음을 하는 자와 같지 않고, 저 세리와도 같지 않으니, 하느님께 감사드립니다. 저는 일주일에 두 번 단식하고 모든 소득의 십일조를 바칩니다." 하고 기도하였다지요. 그 당시 '세리'는 세금을 징수할 뿐 아니라 그 이상을 착취하였고, 그 과정에서 로마에 반항하는 유다인들을 밀고한 인물로 사람들에게 멸시를 받는 대상이었습니다. 그런 세리는 성전에서 멀찍이 서서 하늘을 향하여 눈을 뜰 엄두도 내지 못한 채, "오, 하느님! 이 죄인을 불쌍히 여겨주십시오." 하고 가슴을 치며 말하였지요. 하지만 예수님은 의롭게 되어 돌아간 사람은 바리사이가 아니라 세리였다고 하셨습니다. 예수님께서 바라신 '짠맛'은, 획일적인 율법의 준수가 아니라 진정한 회개였으니까요.

바리사인들은 그 당시 유다인 사회에서 어떤 사람들이었을까요? '바리사이파'들은 원래 교리에 따라서 선을 행하는 것과 계명의 준수를 가장 중요하게 생각하는 사람들이었습니다. 그러한 경건함과 높은 지식으로 인해 그들은 대중들에게 전적으로 신뢰를 얻었으며 다른 유다인 그룹에 비해 월등히 높은 위치에 있었습니다. 하지만 그들은 율법에 대해 어찌나 엄격했던지 오로지 율법을 지켜야만 하느님의 뜻을 따르는 것이라고 생각했습니다. 그렇게 해야만 하늘나라에 갈 수 있는 자격을 얻게 된다고 여겨 다른 파의 사람들이나 이방인을 받아들이지 않았지요. 그러한 율법을 따르는 것이 당시 유다인들에게는 얼마나 숨 막히는 일이었을까요? 율법을 지키는 것이 '죄'를 짓지 않도록 경계하는 일이 되기는 하지만, 인간으로서 삶을 누리는 생생한 기쁨까지 빼앗기는 일이 된다면, 그 율법주의는 생명의 소금이 더 이상 아닌 것이지요.

이들을 향해서 예수님의 따끔한 질타가 시작됩니다. 매일 쉴 새 없이 일해도 입에 풀칠하기조차 힘든 사람들, 그래서 아무리 아파도 치료받을 시간을 낼 수 없는 사람들을 '안식일'이라는 이유로 고쳐주지 말라면 그들더러 그냥 죽으라는 것이냐고요^(루카 6, 7 참조). 그리고 가난 때문에 늘 허기져 있었고, 배고픔이 날을 가려가며 찾아오는 것이 아닌데도, 안식일에 밀 이삭을 뜯어먹었다고 율법만을 내세우며 비난해야 마땅한 일이냐고요. 그들에게 예수님은 '사람의 아들이 안식일의 주인'^(마태 12, 8)이라고 일갈하셨습니다.

율법에 얽매이지 않고 오직 인간을 먼저 생각하시는 예수님의 이해와 용서는 여기서 그치지 않습니다. 그들이 예수님을 시험하려고 간음하다 붙잡힌 여자를 데려왔을 때, "너희 가운데 죄 없는 자가 먼저 저 여자에게 돌을 던져라."^(요한 8, 7)고 하셨다는 유명한 이야기가 있지요? 이 세상에서 죄짓지 않고 살아가는 사람이 얼마나 있겠습니까? 이에 나이 많은 사람들부터 떠나갔습니다. 마침내 그 여자만 남았을 때, "나도 너를 단죄하지 않는다. 가거라. 그리고 이제부터 다시는 죄짓지 마라."^(요한 8, 11)고 하셨습니다.

예수님께서는 아무리 극형에 처해야 할 죄인이라도 겉에 드러난 사실로만 단죄하는 대신, 각 사람의 자리에서 그럴 수밖에 없었던 연유를 살피고 용서로 감싸주라는 교훈을 우리에게 몸소 보여주신 것입니다. 예수님의 사랑이 담긴 용서는 우리를 어느 채찍질보다 더 깊은 회개로 이끌어줍니다. 많은 죄를 용서받은 사람은 그 고마움을 큰 사랑으로 드러내지만 적게 용서받은 사람은 적게 사랑할 수밖에 없겠지요(루카 7, 47 참조). 율법을 넘어선 예수님의 사랑과 이해, 그리고 용서야말로 우리 모두의 삶을 더욱 신명나고 살맛나게 하는 천일염의 미네랄과 같은 요소가 아닐까요?

신앙은 율법을 넘어 사랑을 실천하는 삶

신앙은 바리사이처럼 율법이라는 하나의 잣대로 잴 수 있는 것이 아닙니다. 어느 누구를 막론하고 종류는 다르지만 괴롭고 말 못할 사연을 품지 않은 사람이 없고, 그러한 사연을 가지지 않은 가정이 없습니다. 그것은 자신의 잘못으로도 일어날 수 있지만, 어쩔 수 없이 일어나는 경우가 더 많습니다? 그러니 이때 비록 자신이 어떤 특정한 사연을 비껴갔다 해서 아파하는 사람들을 향해서 너희들 잘못으로 그렇게 되었다고 비난할 수 있겠습니까? 예전에 신앙심 깊기로 유명한 어떤 자매님이 암에 걸린 사람을 가리키며, 그 사람이 잘못 살아서 병에 걸렸다고 말하는 것을 듣고 얼마나 충격을 받았는지 모릅니다. 아니, 바리사이 같은 그녀에게 분노가 치밀어 올랐었습니다.

예수님은 율법을 없애러 오신 것이 아니라 하느님과 이웃 사랑을 몸소 실천하시고 완성하러 오셨습니다(마태 5, 17). 하느님은 우리의 수많은 죄와 배신에도 불구하고 용서하시고, 다시금 새 삶을 허락하시는 분이시지, 우리의 잘못을 벌주시는 분이 아닙니다. 한때 제가 너무 힘들어서 하느님께도 버림을 받지 않았나 생각하던 시절이 있었습니다. 그때 제가 위로받았던 말씀이 있습니다. 바로 "에프라임아, 내가 어찌 너를 내버리겠느냐? 이스라엘아, 내가 어찌 너를 저버리겠느냐? …… 내 마음이 미어지고 연민이 북받쳐 오른다. …… 나는 네 가운데에 있는 '거룩한 이' 분노를 터뜨리며 너에게 다가가지 않으리라."(호세 11, 8-9)라는 말씀입니다. 그렇게도 사랑을 쏟으셨던 이스라엘이 배신을 수없이 반복하는데도 하느님께서는 변함없는 사랑을 베푸셨습니다.

당시에는 제가 고통을 당하는 것이, 가톨릭에 입교하고도 수십 년이 지나도록 하느님을 멀리하고 살았던 죄 때문이라고 생각했었습니다. 그런데 이 말씀은 저를 안심시켰을 뿐 아니라 사랑받는다는 믿음을 주어 저의 자존감까지도 일으켜 세워주었습니다.

저의 신앙은 늦게나마 그러한 저의 부족함을 감싸주시는 하느님의 사랑에 감사하는 것에서 비롯되었습니다. 고통이란 우리의 부족함, 또는 미성숙함에서 오는 것이니 성숙해져야 한다는 표지입니다. 고통이란 우리의 성장을 위해서 하느님께서 허락하신 선물이고, 신앙이란 이를 극복하는 동안 하느님께서 함께하시고 가슴 아파하시고 도와주신다는 것을 깨달아가는 과정이 아닌가 생각하게 됩니다.

그런데 그 깨달아가는 과정에 '달인'은 없는 것 같습니다. 어쩌면 그렇게도 우리에게 닥쳐오는 고통은 '산 너머 산'인지요. 이 산을 넘고 나면 또 다른 산이 다가오는데, 그때마다 넘는 고통은 모두 새삼스럽습니다.

처음에는 자신의 힘으로 산을 넘으려고 안간힘을 쓰고 발버둥도 치면서 최선을 다해봅니다. 그러나 거기서 좌절을 맛보고, 절망의 나락으로 떨어집니다. 참으로 묘한 일은 더 이상 내려갈 곳이 없어졌을 때 일어납니다. 그 맨 밑바닥이라고 생각되는 곳에 다다르면 사람으로서 도저히 해결할 수 없음을 깨닫게 되고, 하느님의 자비에 모든 것을 맡기고 기다리게 되지요. 바로 이때 하느님께서 일하십니다. 이때 우리에게 가장 중요한 '깨달음'을 선물로 주십니다.

제가 어떤 일로 너무 수치스러워 사람들 앞에 나서기가 두려웠던 적이 있었습니다. 그때 기도하는 중에 제 마음의 저 밑바닥으로부터 예수님께서, "내가 십자가에서 옷을 완전히 벗긴 채로 매달렸을 때 얼마나 수치스러웠겠느냐? 그러나 지금 사람들은 나의 부활만을 기억하지 않느냐? 너도 이제 죽었으니 다시 살아날 것이다. 그러니 힘을 내어라!"라고 말씀하시며 저를 일으키시는 것을 느꼈습니다.

그렇게 신앙은 우리의 눈물방울과 기도와 맡김과 기다림의 정도에 따라 주님의 용서와 사랑이 더해져서 각 사람마다 다른 그리스도의 향기를 내뿜게 합니다. 자기가 완전하다고 믿는 사람보다 죄 많고 부족한 사람에게서 그 뜻을 이루십니다. 마치 바닷물이나 흙 속의 미네랄과 유기물질이 더해져 천일염이 만들어지듯 말입니다.

그리고 깨달음을 얻고 나면 다른 사람에 대한 이해와 용서의 폭이 넓어져 자신의 어깨를 내어줄 수 있게 됩니다. 고통을 겪고 있는 사람에게 같은 종류의 고통을 체험한 사람의 위로보다 더 큰 위로가 또 있을까요?

바리사이와 같은 신앙을 가진 사람은 율법에 얽매여 주위 사람의 숨을 죽이고 삶을 그저 짜고 쓴 것으로만 느끼게 하는 것이 꼭 정제염 같습니다. 예수님께서 말씀하신 소금은 그리스도의 향기를 머금고 사람들의 삶을 감칠맛 나게 해주는 천일염이 아니겠습니까?

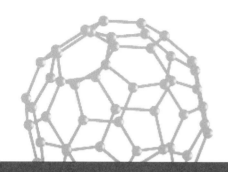

"너희는 세상의 소금이다."
(마태 5. 13)

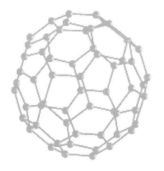

물의
유연함과
용해성

산소와 수소가 만나 수소결합을 이루는 물의 구조[*]

가랑비가 살짝 내리던 작년 초봄, 피정(피세정념避世靜念의 줄임말로 '세상의 번다함을 떠나 고요한 마음을 지닌다'는 뜻을 지닌 가톨릭 수행 방법)을 겸해서 내장산을 찾았습니다. 아직 새순이 돋지 않은 빈 가지마다 조롱조롱 달려 있는 물방울이 어쩌면 그렇게도 영롱하고 생명력을 느끼게 하는지요? 도시에도 나무가 있고, 비에 젖은 나무에 물방울이 맺혔을 텐데도 늘 그냥 지나쳤기에 그날은 평생 처음 보는 풍경인 양 마냥 설레고 기뻤습니다. 그래서 세상을 떠나 고요함에 잠기는 피정이 필요한지도 모르겠습니다.

[*] 황영애, 《경향잡지》, 칼럼 '과학이 하느님을 노래할 때', 2010. 8, p.59.

물방울은 나무만 되살리는 게 아니라 우리의 가라앉은 마음도 약동하도록 해주었지요. 이러한 물은 어떤 구조와 성질을 가졌기에, 꽃과 나무뿐 아니라 버림받아 휘청거리는 사람들까지도 일으켜 세우는 '생명수'가될 수 있는 것일까요?

물은 1기압에서 어는점은 0℃이고, 끓는점은 100℃이므로 상온에서는 액체 상태입니다. 물 분자는 수소 2개와 산소 1개로 이루어져 그 분자식은 H_2O이고, 산소 원자를 중심으로 2개의 수소와 굽은 형 구조를 나타냅니다.

그림에서처럼 기체 상태(수증기)에서 물 분자는 1개씩 멀리 떨어져 있습니다. 그러나 물과 얼음 상태에서는 분자들이 훨씬 가까이 함께 있지요.

그것은 수소 원자는 부분적으로 양전하를 띠고, 산소 원자가 음전하를 띠어서 서로 다른 분자의 산소와 수소 사이에도 인력이 작용하여 수소결

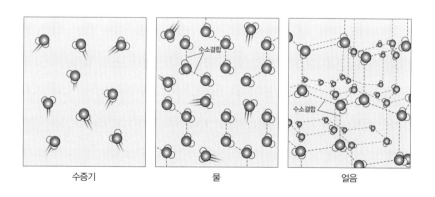

수증기   물   얼음

온도에 따른 물의 상태 변화

합이 형성되기 때문입니다. 이 결합력은 비교적 강해서 물 분자 사이의 인력을 끊으려면 높은 에너지가 필요합니다. 그 때문에 물은 다른 액체 물질에 비해 온도가 쉽게 올라가거나 내려가지 않는답니다. 만일 수소결합이 없다면 온도가 조금만 높아져도 물 분자는 하나씩 뿔뿔이 흩어져 기체로 날아가서 지구상에는 물이 한 방울도 남아 있지 않게 되고, 반대로 온도가 조금만 낮아져도 모두 얼게 되겠지요.

우리 몸은 70%가 물로 구성되어 있습니다. 체내의 물이 빨리 끓거나 얼게 된다면 여름에는 모두 기체가 되어 날아가 심한 탈수 현상에 시달릴 테고, 겨울에는 밖에 나가기만 해도 얼어붙어 꼼짝 못하게 되겠지요. 그러면 우리는 도저히 살아갈 수가 없을 것입니다.

일반적으로 우리는 같은 물질인 경우 기체 상태일 때가 가장 가볍고, 그 다음은 액체, 그리고 고체로 갈수록 밀도가 커져서 더 무거워진다고 알고 있습니다.

그런데 물은 그렇지 않습니다. 물이 얼 때는 얼음 그림에서 보듯이 수소결합을 한 육각 고리 모양의 결정을 형성하며 빈 공간이 많아집니다. 이 때문에 다른 물질과 달리, 고체인 얼음이 되면 부피는 증가하고 밀도는 감소합니다.

얼음의 밀도가 물보다 크다면 어떤 일이 생길지 상상해본 적이 있습니까? 추운 겨울에 온도가 내려가면 강이 얼게 되는데, 이때 얼음은 강 아래로 가라앉을 것이고, 이것이 계속 되면 강은 순식간에 모두 얼음으로 변하게 되겠지요. 그러면 강 속에 살고 있는 모든 물고기나 다른 생물들이 얼어 죽게 됩니다. 그러나 실제로는 얼음이 더 가벼워서 물 표면에

떠 있게 되고 그 얼음이 찬 공기를 막아주어 아래에 있는 물은 더 이상 얼지 않는 것이지요. 그 덕분에 겨울에도 얼음 밑의 생물들이 살 수 있게 되어 지구의 생태계가 보존되니 얼마나 다행입니까?

다른 물질을 품어주는 생명의 원천

다른 무엇보다도 중요한 물의 특성은, 고체 상태인 얼음일 때는 그렇지 못하지만, 액체 상태인 물에서는 다른 물질과 섞여서 그들을 녹일 수도 있고, 그릇이 어떤 모양이든지 자신의 모양을 바꾸어 그 속에 담길 수 있다는 점입니다.

이는 물에서와 얼음에서의 수소결합 방식에 약간의 차이가 있기 때문인데 분자 내의 이 작은 차이는 외부적으로 매우 큰 차이를 일으킵니다. 액체 상태에서는 고체 상태보다 온도가 높아 물 분자들의 움직임이 활발하기 때문에 그들 사이에 수소결합이 부분적으로 끊어져 있습니다. 그런 이유로 물 분자들은 얼음에서보다 더 가까이 접근할 수 있어서 밀도가 더 커지게 됩니다.

한편, 이 활발한 움직임 때문에 분자들은 혼자 떨어지기도 하고 멀리 가기도 합니다. 이런 자유로운 성질로 인해 물 분자는 유연성을 가지게 됩니다. 그러므로 물은 어떤 모양의 그릇에도 담길 수 있고, 어디든 흐를 수 있고, 다른 물질이 물속에 들어오게 되면 융통성 있게 자리를 내어주어 그들과 섞일 수 있게 되는 것입니다.

이에 반해 얼음은 모든 분자들이 수소결합으로 연결되어 있어 틀에 꽉

짜여 있는 셈이지요. 우리가 섭취하는 음식물도 그 속에 포함된 물이 있기에 몸속에 용이하게 전달됩니다.

수증기는 따로 흩어져 있어 다른 물질을 품을 수 없고, 얼음은 분자들이 경직되어 있어 그 사이를 비집고 들어갈 수가 없습니다. 반면, 유연하고, 다른 물질을 품을 수 있는 물의 성질은 바로 생명의 원천이 되는 요인입니다.

☆ ☆ ☆

버림받은 사마리아 여인*

동서양을 막론하고 버림받은 여자를 다룬 문학작품이나 방송 드라마가 꽤 많습니다. 그 중에는 '막장 드라마'로 불리는 극단적인 내용도 있지요. 우리는 그런 드라마에 눈살을 찌푸리면서도 괜히 관심이 쏠려 자기 일처럼 분노하기도 합니다.

요즈음은 세태가 달라져 가끔 부인이 남편을 버리는 경우도 있지만 우리 주위에는 여전히 남편이 부인을 버리는 경우가 더 많습니다. 버림받은 여자는 크나큰 충격에 빠집니다.

처음에는 남편에게 분노하고 원망하다가 나중에는 무작정 매달리게 되고, 그래도 안 되면 무력감으로 인해 심한 우울증에 걸리게 되지요. 깊이 의지하고 소중하게 여겼던 사람에게서 거부당하면 바로 그 깊이만큼

| * 요한복음 4장 참조.

자존감의 뿌리는 잘려나갑니다. 게다가 아무리 남편의 잘못이 명백하더라도, 부인은 그런 상황에 처해 있는 것만으로도 수치스럽고, 또 뭔가 잘못했으니까 그런 일이 벌어졌겠지 하는 주위의 눈길도 견디기 힘들어 사람들을 멀리하고 결국 숨어버립니다. 세상 모든 사람들이 자신을 향해 손가락질을 하는 듯해서 두려워지고 세상으로부터 버림받았다고 생각합니다.

그녀는 광야로 쫓겨났다고 느끼며 외로워하고 사랑에 목말라 합니다. 언젠가 돌아올 보은을 생각하고 온갖 것을 참아가면서 희생해온 사람이라면 그 상처가 더욱 깊습니다. 마지막으로 약하고 불쌍한 사람을 구해주신다는 예수님께 매달려봅니다. 그러나 그분마저도 자신을 외면했는지 아무 일도 하지 않으시는 것처럼 보입니다. 예수님도 그 여인을 버리신 걸까요?

사마리아의 '시카르'라는 고을에 있는 야곱의 우물가. 40°C를 웃도는 햇살이 뜨거운 정오 무렵. 한 여인이 이웃의 시선을 피해 물을 길으러 옵니다. 그런데 웬 낯선 유다인 나그네가 물을 청합니다.

"선생님은 유다인이시면서 어떻게 사마리아 여인에게 물을 청하십니까?"

"네가 하느님의 선물을 알고, 또 너에게 물을 청한 이가 누군 줄 알았더라면, 네가 오히려 그에게 청하고, 그는 너에게 생수를 주었을 것이다."

선문답처럼 시작된 우물가의 대화는 점점 깊이를 더해갑니다.

"선생님, 두레박도 가지고 계시지 않고 우물도 깊은데, 어디에서 생수를 마련하시렵니까?"

"이 물을 마시는 자는 누구나 다시 목마를 것이다. 그러나 내가 주는 물을 마시는 사람은 영원히 목마르지 않을 것이다. 내가 주는 물은 그 사람 안에서 물이 솟는 샘이 되어 영원한 생명을 누리게 할 것이다."

그렇지 않아도 뜨거운 낮에 멀고도 지대가 높은 곳으로 물을 길어 날라야 했던 여인은 반가움에 나그네에게 물을 청합니다. 그러자 나그네는 다소 엉뚱한 반응을 보입니다.

"가서 네 남편을 불러 이리 함께 오너라."

"저는 남편이 없습니다."

"그것은 맞는 말이다. 너는 남편이 다섯이나 있었지만 지금 함께 사는 남자도 남편이 아니니 너는 바른 대로 말하였다."

이 나그네는 자신의 가장 아픈 곳을 말하고 있습니다. 남편이 다섯이나 있었다는 것은 무엇을 의미할까요?

당시 그 사회에서 여자는 사람대접을 받지 못했습니다. 그러니 결혼과 이혼은 전적으로 남자의 권한이었지요. 그리고 과부가 된 여자는 한 번, 많아야 두 번쯤 더 합법적으로 결혼을 허락받았다 합니다. 결혼을 다섯 번이나 했다니 아마도 이 여인은 매우 예뻤나 봅니다. 그러나 매번 사별을 하지는 않았을 테니 나머지는 버림을 받지 않았을까요? 당시에 여자는 결코 홀로 살 수 없는 처지였습니다. 법적으로 인정받지 못하고 남의 손가락질을 받더라도 어떤 남자에게든 의지해야 했으니 살아도 사는 게 아니었지요.

사는 의미를 찾을 수 없을 때 우리의 육신이나 정신, 그리고 영혼은 무력감에 찌들게 됩니다. 여인은 그러한 자신의 상황을 너무도 잘 알고 있는 듯한데도 늘 들어왔던 단정치 못하다는 비난 대신 자신에게 물을 달라고 부탁하는 나그네에게 신뢰가 가는지 궁금하게 여겼던 점을 여쭤봅니다.

"당신은 예언자시군요. 저희 조상들은 이 산에서 예배를 드렸습니다. 그런데 선생님네는 예배를 드려야 하는 곳이 예루살렘에 있다고 말합니다."

"여인아, 내 말을 믿어라. 너희가 이 산도 아니고 예루살렘도 아닌 곳에서 예배를 드릴 때가 온다. …… 진실한 예배자들이 영과 진리 안에서 예배를 드릴 때가 온다. 지금이 바로 그때다. 사실 아버지께서는 이렇게 예배를 드리는 이들을 찾으신다. 하느님은 영이시다. 그러므로 그분께 예배를 드리는 이는 영과 진리 안에서 예배를 드려야 한다."

"저는 그리스도라고도 하는 메시아가 오신다는 것을 압니다. 그분께서 오시면 우리에게 모든 것을 알려주시겠지요."

"너와 말하고 있는 내가 바로 그 사람이다."

여인은 곧 물동이를 버려두고 고을로 가서 그리스도가 오셨다는 소식을 알렸습니다. 여인의 태도 변화가 놀랍습니다. 남들의 눈을 피해 물을 길으러 왔던 여인이 당당히 마을 사람들에게 달려갈 수 있었던 이유는 무엇일까요? 사마리아 사람들이 자기네가 경멸하는 여인의 말만 듣고 예수님을 믿게 된 이유는 또 무엇일까요? 나그네가 대화를 통해 그 여인의 마음에 물꼬를 터준 생명수란 도대체 어떤 것일까요?

사마리아인은 유다인들에게 이방인 취급을 당하고 있었습니다. 그래서 같은 하느님을 믿으면서도, 예배를 드리는 성소가 달랐습니다. 그런데 예수님은 이런 사마리아인에게 '진실한 예배자'를 찾으신다면서 다가오신 것이지요. 또 그런 사마리아인 중에서도, 남자들에게 다섯 번이나 버림을 받았고, 지금 남자와도 정식으로 결혼도 하지 못한 채 죽지 못해 살고 있는 미천한 여인에게 나타나셔서, 당신이 '그리스도'이심을 누구보다도 먼저 그녀에게 드러내신 것입니다.

유연하고 마르지 않는 예수님의 사랑

장바니에 신부는 그의 저서 『눈물샘』에서, 예수님께서는 이 여인에게만 당신이 메시아임을 드러내셨다 했습니다. 베드로와 사도들에게 드러내신 분은 성부라고 하셨습니다.

어쩌면 사마리아 여인은 자존감에 목말랐을지 모릅니다. 이웃과의 다정한 관계가 그리웠을지도 모릅니다. 하느님께 예배드릴 수 있는 자격 또한 지니고 싶었을지 모릅니다. 예수님은 이렇게 삶에 목마른 그녀에게, 지친 나그네의 모습으로 나타나셔서 오히려 그녀의 목마름을 해갈해주십니다.

이 세상의 티끌보다 못하다고 여긴 자신에게 그토록 기다리던 메시아, '그리스도'가 나타나시다니! 여인은 자신 안으로 생명수가 힘차게 흘러 들어오는 것을 느꼈을 것입니다. 주님의 이해와 사랑이 담긴 생수는 그녀의 삶에 생기를 되찾아주었습니다. 그렇게 변한 여인의 생기 넘친 얼굴에서 사마리아인들은 구원을 읽었던 것입니다.

예수님의 사랑은 유연합니다. 어떤 그릇에든지 담기는 물처럼 어떤 처지에 있는 사람이든지 그의 삶으로 흘러들어가 시든 삶을 싱싱하게 살려 놓으시지요. 예수님의 사랑은 또한 용해성이 뛰어나 온갖 아픔과 고통의 알갱이들을 품어 녹여버리십니다.

또한 예수님의 사랑은 마르지 않습니다. 사마리아 여인을 만나신 장소도 우물가였습니다. '우물'은 바로 예수님의 영원한 사랑, 영원한 생명에 대한 상징입니다.

이 세상살이는 광야를 헤매는 것과 같을지도 모릅니다. 어느 날 갑자기 해고 통지서가 날아옵니다. 자신이 속한 공동체로부터 날선 비난을 받게 됩니다. 믿었던 배우자에게서 이별 선언을 당하기도 합니다. 이렇게 믿었던 사람에게서, 혹은 세상으로부터 버림받았다고 느껴질 때 가장 먼저 드는 생각은 생(生)을 포기하고 싶은 마음입니다. 이럴 때 우리가 기억해야 할 것은, 나에게 고통을 준 자가 누구든지 간에 그 상대방은 나의 본질까지 훼손시킬 수는 없다는 점입니다. 어느 누구도 나를 버릴 수 없고, 더더구나 스스로 자신을 버릴 수는 없습니다. 인생의 거친 광야를 지나면서 사랑에 목마르고, 자존감에 목마르고, 위로에, 기쁨에, 평온함에, 희망에 목마를 때, 우리 안에 있는 생명의 샘물을 찾아가야 합니다.

그러면 우리는, 우리보다 먼저 오셔서 우리를 안쓰럽게 지켜보고 계시는 분과 만나게 됩니다.

하느님의 선택은 사람의 선택과 다릅니다. 하느님은 가난한 이를 선택하십니다. 단순히 물질적으로 가난한 사람들만이 아니라 아들을 잃은 어머니, 남편에게 버림받은 부인, 직장을 잃은 남자, 상처받고 어두운 내면을 가진 우리를 선택하십니다.

그분의 사랑을 깨달을 때 우리 자신의 소중함과 존엄성을 되찾게 되는 것이지요. 이제 우리에게는 사마리아 여인처럼 주님을 전할 일만 남은 셈입니다.

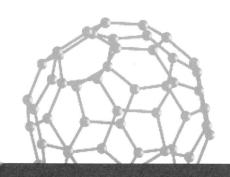

"정녕 당신께는 생명의 샘이 있고
당신 빛으로 저희는 빛을 봅니다."
(시편 36, 10)

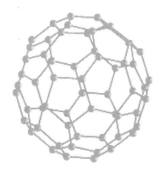

필수원소와
독성원소

필수원소 자리를 대신 차지하는 독성원소**

생물체가 생명을 유지하고 성장하는 데 필요한 원소들을 필수원소라 부릅니다. 필수원소에는 어떤 것이 있을까요? 비금속원소로는 수소(H), 산소(O), 탄소(C), 질소(N), 황(S), 인(P) 등이 있습니다. 금속원소로는 나트륨(Na), 칼륨(K), 마그네슘(Mg), 칼슘(Ca), 몰리브데늄(Mo), 바나듐(V)에서 아연(Zn)에 이르는 1주기 전이금속원소들이 있습니다. 이들 중 몰리브데늄만 중금속이고 나머지 금속이온들은 크기가 작아 단단한(hard) 이온으로 분류됩니다. 우리가 흔히 들어본 적 있는 원소들이 대부

* 황영애, 《경향잡지》칼럼 '화학에게 길을 묻다', 2011.7,
p.56.
** J. E. House, Inorganic Chemistry, Academic
Press, Elsevier, Chapt. 22, 2008.

분이니 왠지 마음이 놓이지요?

그들 중 몇 가지 원소의 역할을 살펴보기로 하겠습니다.

인은 인산(PO_4^{3-})염의 형태로 존재하고 있으며, 인체에서는 칼슘 다음으로 많은 무기질입니다. 아데노신삼인산(adenosine triphosphate, ATP)의 말단 부분에 결합된 인산기는 결합을 끊고 떨어져나갈 수 있는데, 이때 방출되는 에너지로 생물체가 활동하게 됩니다. 이와 같이 인은 에너지 대사에서 중요한 역할을 합니다.

칼슘, 마그네슘, 나트륨 그리고 칼륨에 대해서는 앞의 '정제염과 천일염'에서 설명한 바 있으니 여기서는 나머지 원소들에 대해서만 설명하겠습니다.

헤모글로빈의 중심에 있는 철은 온몸에 산소를 운반해주고 몸에서 생긴 이산화탄소를 밖으로 내보내는, 생명 유지에 가장 중요한 역할을 합니다. 산소 운반 능력이 저하되면 운동을 해도 효과가 별로 없고 만성피로에 시달리게 됩니다. 철분이 부족해지면 빈혈증이 일어나며, 부수적으로 산소 운반 능력이 저하되어 운동을 해도 효과가 별로 없고 만성피로에 시달리게 됩니다.

적혈구(赤血球)라는 이름에서 암시하듯, 산소와 가역적 결합이 가능하도록 하는 것은 단백질의 구조가 구형(球形)이기 때문입니다. 그러므로 적혈구가 변형되어도 빈혈증이 유발됩니다. 중앙아프리카의 흑인들 중에는 변형된 적혈구를 가진 사람들이 있습니다.

이 변형은 적혈구의 단백질 사슬 중 몇 개의 아미노산이 정상적으로 배열되지 않아 사슬이 접혀짐으로써 생기는 현상입니다. 여기서 적혈구는 더 이상 구형을 유지하지 못하고 낫 모양으로 납작해집니다. 그렇게 되면 산소 운반능력을 잃게 됩니다. 이러한 빈혈증을 낫 모양 세포 적혈구 빈혈증(sickle-cell anemia)이라 부르며 불행하게도 이 질환은 유전병입니다. 그리고 미국의 피부과 의사 윌머 버그펠드(Wilma Bergfeld) 박사는 철분과 아연의 결핍이 여러 가지 형태의 탈모와 관련이 있다고 주장합니다.*

한편, 아연은 인체 내에서 세포를 구성하고 생리적인 기능을 다루는 대표적인 무기물 중 하나입니다. 임신한 여성에게 아연이 부족하면 기형아나 저체중아를 낳을 수 있습니다. 또한 앞에서 말한 바와 같이 아연이 부족할 경우 탈모의 원인이 될 수 있으며, 아이들의 성장발육에 문제가 생깁니다. 그러나 아연을 과잉 섭취해도 미네랄 불균형을 초래합니다.

수은(Hg), 납(Pb), 카드뮴(Cd), Tl(탈륨), 바륨(Ba) 등과 같이 독성을 띠는 금속의 특징은, 그들의 이온이 낮은 산화수를 가지며 사이즈가 크고 무거워 무른(soft) 이온이라는 점입니다. 베릴륨(Be)만은 예외로 단단하면서도 독성을 띠고 있지요. 이들은 대개 일정한 농도 이상이 되면 독성을 나타냅니다. 필수원소들의 수에 비해 이들 원소들의 수가 훨씬 많다고 너무 불안해하지 않아도 됩니다. 다행히 독성을 띠는 대부분 원소의 양이 필수원소들의 양에 비해 지구상에 극히 소량만 존재하기 때문입니다. 정말 감사한 일이지요.

* Cleveland Clinic Journal of Medicine, 76(6), 361, 2009.

그들이 독성을 가지게 되는 메커니즘은 여러 가지입니다.

어떤 중금속은 효소(enzyme) 내의 중요한 작용기에 결합하여 활성을 막아버립니다. 일반적으로 무른 산(soft acid)은 무른 염기(soft base)와, 단단한 산(hard acid)은 단단한 염기(hard base)와 쉽게 반응합니다. 산과 염기는 이와 같이 끼리끼리 어울립니다.

한 예로 효소의 작용기 가운데 하나인 설프히드릴기의 황(S)은 무른 염기이므로 무른 산인 중금속이온이 들어가면 쉽게 결합해버리기 때문에 효소가 더 이상 역할을 할 수 없게 되는 것입니다. 그리고 중금속은 무거워 체내에서 밖으로 배설되지 못하고 그대로 머물러 있기 때문에 더 문제가 심각해지는 것입니다.

독성을 가지게 되는 다른 중요한 메커니즘은 원래 들어가야 할 금속 대신에 슬쩍 다른 독성을 띠는 금속원소가 들어가는 것입니다. 제가 '선을 가장한 악'과 관련된 독성 금속에 대해 다루고자 하는 것이 바로 이 메커니즘입니다.

원래 생물체는 필요한 원소가 아니면 흡수하지 않습니다. 그러나 주기율표에서 같은 족(族)에 있는 원소들은 그 화학적 성질이 비슷하기 때문에 독성원소를 필수원소로 오인하여 받아들입니다. 이에 대한 몇 가지 예를 들어보겠습니다.

아연은 여러 가지 효소에서 중요한 역할을 하는 금속원소로서 카드뮴과 수은이 같은 족에 속합니다. 우리가 신문지상에서도 많이 접해본 '이타이이타이 병'은 카드뮴 중독으로 인한 병입니다. 일본의 아연 광산에서 카드뮴을 제거하지 못해 생기게 된 병으로 '아파! 아파!'라는 뜻을 가진 중증의 질환이지요. 카드뮴은 아연을 정련하는 과정에서 부산물로 생성되는 물질입니다. 카드뮴 만성 중독증으로 나타나는 '이타이이타이' 병명이 일본말로 '아프다. 아프다.'라는 뜻이라니 그 고통이 얼마나 심한지 충분히 짐작할 수 있습니다. 체내에 흡수된 카드뮴은 배출되지 않고 몸속에 남아 있게 됩니다. 음식을 통해 섭취한 경우에는 위와 장에 손상을 주어 구토와 설사를 일으키고 공기로 흡입한 경우에는 폐에 심각한 손상을 줍니다. 오랜 기간 카드뮴에 노출되면 골다공증과 골연화증이 일어납니다.

특히 임신, 출산이나 수유의 경험이 있는 갱년기 여성들에게는 이 증상이 더욱 심하게 나타나 키가 몇 십 센티미터씩 줄어들기도 하고, 손으로 살짝 만지기만 해도 골절되기 십상이어서 환자는 극심한 통증을 느끼게 됩니다.

마그네슘과 같은 족에 있는 베릴륨(Be)은 중금속이 아니지만 독성이 강해 몸속에 들어가면 심각한 폐질환을 일으킵니다.

바륨은 칼슘과 같은 족에 있습니다. 위를 X선 촬영할 때 황산바륨($BaSO_4$)을 조영제로 사용하는데 황산바륨은 물에 전혀 녹지 않으므로 몸 속에 잠시만 머물면 독이 없으나 배설되지 않고 오래 머물면 독성을 나타낼 수 있으므로 물을 많이 마시거나 설사제를 사용해서 속히 배설하도록 해야 합니다. 바륨은 신경계를 마비시키거나 구토, 설사, 혈압 상승 등의 문제를 일으킵니다.

방사성 동위원소의 위험성

일본 후쿠시마 원자력 발전소 사고와 관련되어 자주 언급되는 방사성 동위원소들은 왜 위험할까요? 바로 앞에서 말한 것과 같은 이유, 즉 필수원소의 자리에 이들이 대신 들어가기 때문입니다.

동위원소란 양자수는 같지만 중성자수가 다른 원소들을 가리키는데 그들의 화학적 성질은 같습니다. 마치 한 원자의 형제와 같은 원소들이지요. 이들은 같은 족끼리의 원소들보다 훨씬 더 가깝습니다. 그리고 방사성 동위원소는 동위원소 중에서 불안정한 원소인데 방사선, 즉 알파선, 베타선 또는 감마선을 방출하며 계속 분해하여 안정한 원소로 변해 갑니다.

그 중에서 이번 사고로 우리나라에서 검출되었던 것은 핵분열 생성물인 세슘(Cs-137, Cs-134), 요오드(I-131), 스트론튬(Sr-90) 등입니다. 방사성 물질은 반감기가 있어 저절로 사라지는데 요오드의 경우는 8일이 지나면 반으로 줄고 두 달 정도 지나면 거의 없어집니다.

자연 상태의 세슘은 Cs-133인데 방사성을 가진 것은 Cs-137로 체외에서의 반감기는 30년이지만 체내에서의 반감기는 약 110일입니다. 하지만 생물체는 Cs-133과 Cs-137을 구별하지 못할 뿐 아니라, 같은 족에 있는 필수원소인 칼륨으로 착각하여 체내로 그냥 흡수하므로 칼륨 결핍의 문제를 일으킵니다.

그런데 Cs-137에 피폭된 사람에게 푸른색 염료인 프러시안 블루(Prussian Blue: $Fe_4[Fe(CN)_6]_3 \cdot xH_2O$)를 투여하면, 체내에서 세슘과 착물(錯物)을 만들어 몸 밖으로 배출시키기 때문에 반감기가 30일 정도로 짧아져 그 위험성을 줄일 수 있습니다. 이렇게 요오드나 세슘은 상대적으로 반감기가 짧고 배설이 가능하기 때문에 피폭량이 적으면 위험도가 비교적 낮습니다.

그러나 스트론튬의 경우는 훨씬 심각합니다. Sr-90의 반감기는 28.9년으로 독성을 오랫동안 유지합니다. 이 물질은 세척해도 없어지지 않을 뿐더러 배설해도 따라나오지 않기 때문에 더욱 무섭지요. 또한 같은 족에 있는 필수원소인 칼슘 대신에 동물의 뼈에 스며들어 골수암이나 백혈병을 유발합니다.

이와 같이 위험한 중금속이나 방사성 물질이 생물체가 알아차리지 못하는 사이에 필수원소를 가장하여 체내에 스며들어 병을 일으키는 모습을 보니 "도둑이 언제 올지 모르며, 생각지도 않은 때에 사람의 아들이 올 것이니 늘 깨어 있으라."^(마태 24, 42-44 참조)는 말씀이 떠오릅니다.

⚛ ⚛ ⚛

중독성 기도가 빠지기 쉬운 함정

우리는 살아가면서 눈에 띄게 악한 사람이나, 불행의 전조가 확실한 일에는 경계를 하거나 그에 대비를 하기 때문에 이들이 끼치는 악과 불행으로부터 자신을 보호할 수 있습니다. 그러나 처음에 선한 일이라 믿어 방심하고 있다가 자기도 모르는 사이에 악의 유혹에 빠져드는 경우도 적지 않습니다.

하느님과 이웃 사랑으로 시작한 봉사활동이 어느 순간부터 자기 자신을 내세우는 활동이 되어버립니다.《평화신문》의 칼럼, '아! 어쩌나'에서 홍성남 신부는 중독성 기도를 설명하면서 기도가 어떻게 선을 가장한 악이 될 수 있는지를 잘 보여줍니다.* 기도를 지나치게 많이 하면서, 교회가 인정할 수 없는 사적인 이적 행위를 통해 사람들의 관심을 받으며 그들을 은연중에 지배하려 하고, 자신을 반대하면 그들이 성직자든 누구든 가리지 않고 비난하는, 허영심에서 비롯된 중독성 기도가 그것입니다.

이런 사람들의 특징은 스스로 성인이나 된 듯 자신에게는 전혀 잘못이 없다고 믿으며, 그렇기에 회개하는 모습을 보여주지 않는다는 점입니다. 남들은 그다지도 쉽게 비판하면서도 자기의 잘못을 지적당하면 심하게 반발하며, 자기를 비난하는 사람들은 잘못될 거라는 저주의 말도 서슴지 않습니다.

마치 메시아 콤플렉스에라도 걸린 사람처럼 말입니다. 결국 하느님과 이웃을 위하는 척하면서 그 중심엔 자기 자신이 도사리고 있는 것이지요.

반대로 자기 성찰을 하다가 자기 비하가 지나쳐 다른 사람들에게 측은지심을 유발해 관심과 동정을 받으려는 자기 비난식의 기도도 중독성 기도에 속합니다. 이들은 대부분 자존감이 부족해서 다른 사람으로부터 상처를 받아도 이를 솔직하게 털어놓을 용기가 없어서 가만히 있을 뿐, 그 내면은 전쟁터를 방불케 하는 상태가 됩니다. 그렇게 털어버리지 못해서

* 홍성남,《평화신문》칼럼 '아! 어쩌나', 중독성 신앙생활
(상, 하), 2011년 5월 15일, 22일

상처가 쌓여가기 때문에 결국에는 마치 압력 밥솥이 터지는 것처럼 폭발하기도 합니다.

이와 같이 중독성 기도는 처음에는 좋은 의도로 시작하지만, 다른 사람들의 환호나 기대에 맞춰가다 보면 자신도 모르는 사이에 점점 어둠에 빠져들게 됩니다.

저는 어린 시절부터 어머니의 과잉보호 아래서 자란 탓인지 공부 외에는 할 줄 아는 것이 아무 것도 없고, 또 별다른 시도도 해보지 않았기에 매사에 자신감이 없었습니다. 그래서 다른 사람의 부탁을 잘 거절하지 못했습니다. 물론 대부분의 경우, 기쁘게 받아들이고 뿌듯한 결과를 얻었습니다. 어떤 때는, 좋은 의도로 시작하지만 시간이 지나면서 상대방이 점점 저의 영역을 침범해오는 바람에 제가 감당할 수 없게 되고, 결국엔 해주지 않느니만 못하게 되는 적도 있었습니다. 그런데 더 심각한 것은, 시작할 때부터 별로 내키지 않거나 힘에 겨울 것이라는 예감이 드는데도 그냥 수락을 하고 마는 경우였습니다.

이런 때 늘 문제가 생기곤 했지요. 저는 한 번 도와주기로 약속을 하면 어떤 피치 못할 사정이 생기더라도 끝까지 지키려 노력하는 반면, 상대방은 너무나 당당하게 자신의 사정을 이야기하며 더 많은 도움을 요청하기까지 했습니다.

남들은 저를 마음이 넓고 책임감도 강한 사람으로 알았을 것입니다. 그러나 사실은 거절하지 못한 일로 많이 후회하며 괴로워했고, 또 이런 괴로움을 삭이는 데 꽤 오랜 시간이 걸렸습니다. 그렇기에 몇 번 이런 일이 생겼을 때, '나는 왜 늘 해주어야만 하고 남들은 내게서 받기만을 원하는 걸까' 하며 '나는 피해자, 남은 가해자' 또는 '나는 선한 사람, 남은 악한 사람'으로 생각하곤 했습니다. 이렇게 제게 거절하지 못하는 '착한 사람 콤플렉스'가 있고, 그 콤플렉스가 빈약한 자존감과 관계가 있는 줄을 처음에는 몰랐습니다. 그러나 이런 일이 반복됨에 따라 저 자신에게 문제가 있는 것이 아닐까 하고 돌아보게 되었습니다.

그러고 보니 저는 늘 저 자신을 '비천한 여종'이라고 부르고 있었습니다. 이 표현은 마니피캇(Magnificat)으로 알려져 있는 마리아의 노래 중 "주께서 여종의 비천한 신세를 돌보셨습니다."^(공동번역 루카 1, 48)에 나오는 말입니다. 이 노래는 예수님을 잉태한 성모 마리아께 친척이자 세례자 요한의 어머니인 엘리사벳이 "당신은 여인들 가운데서 가장 복되시며 당신 태중의 아기도 복되십니다."^(루카 1, 42)라고 말했을 때 마리아께서 이에 대한 답례로 부르신 노래입니다.

물론 성모님은 자신을 주님 앞에 겸손하게 표현하셨지만, 저는 그 말을 비참하다는 의미로 생각하면서 제게 좋은 일이 생길 때면, "주께서 여종의 비천한 신세를 돌보셨습니다."를 무의식중에 중얼거리곤 했습니다. 앞에서 말한 홍성남 신부의 '자기 비하가 심한 중독성 기도'를 하고 있는 사람이 바로 저였습니다.

저를 돌아보니, 부탁을 들어줌으로써 남에게 인정받고 싶어 하는 제 모습이 보였습니다. 겸손하게 선행을 한다면서 사실은 저 자신이 중심에 있었던 것입니다. 그러나 그렇게 깨달았다 해서 문제가 해결되는 것은 아니었습니다. 아직도 자존감 문제가 남아 있었습니다.

하느님의 나라에 들어갈 수 있는 커트라인은 완벽하게 빵점이라지요?

교만해도 안 되고 자기 비하를 해서도 안 된다는 뜻이겠지요.

조건 없는 사랑의 깨달음

처음에 사람들은 이렇게 자기 비하가 심한 저를 보고 겸손을 떠느라 그런다고 했습니다. 저 같은 학력과 직장을 가진 사람이 그렇다는 것이 이해가 안 간다면서 말입니다. 그러게요. 참으로 사람 마음이란 미묘한 것 같습니다. 사실 자존감이 없어 가장 답답한 것은 바로 저였습니다.

그런데 전에 어느 수도회의 영성연구소에서 영어로 된 영성 책을 번역하는 봉사모임에 몇 년간 참석한 적이 있는데, 실제로 봉사보다는 소장 신부님의 배려로 기도학교를 다니며 '참 나'를 알아가고 치유를 받는 더 큰 은혜를 받았습니다.

그 기도학교 미사 때의 일입니다. 그날의 말씀은 "하늘나라는 밭에 숨겨진 보물과 같다. 그 보물을 발견한 사람은 그것을 다시 숨겨 두고서는 기뻐하며 돌아가서 가진 것을 다 팔아 그 밭을 산다. 또 하늘나라는 좋은 진주를 찾는 상인과 같다. 그는 값진 진주를 하나 발견하자, 가서 가진 것을 모두 처분하여 그것을 샀다."^(마태 13. 44-46)라는 구절이었습니다.

저는 이 말씀을 만날 때마다 하늘나라에 들어가기가 참으로 힘들구나 하는 생각이 들었습니다. 그런데 그날 신부님은 우리가 하늘나라의 보물을 사는 것이 아니라 하느님께서 우리를 보물, 진주로 여기시기에 하느님의 모든 것, 즉 아드님인 예수님까지 팔아서 우리를 사셨다는 말씀을 해주셨습니다. 그때부터 제 마음이 뜨거워지기 시작하며 눈물이 났습니다. 그러다가 평화의 인사 시간이 되었을 때, 신부님은 "평화를 빕니다!" 대신에 "당신은 보물입니다." 또는 "당신은 진주입니다."로 인사하라고 말씀하셨습니다. 제가 보물이 된 것이 감사하고 감격스러워 그때 어찌나 울었는지 모릅니다.

그 여운이 집에 와서도 그대로 남아 한밤중에 빈 방으로 들어가 앉았습니다. 하느님께서 저를 사랑하시는 줄은 알겠는데, 제가 왜 보물인지를 알고 싶었기 때문입니다. 그 답까지 들어야 마음이 탁 트일 것 같았지요. 그래서 감사해서 울다가 왜 보물인가를 여쭤보았더니 아무 응답이 없었습니다. 저는 그날로 답을 얻지 못하면 보물이 도로 비천한 신세가 되기라도 할까봐 울다가 묻다가를 계속했습니다. 어슴푸레 새벽이 밝아오고 있었습니다.

그렇게 시간이 지나자 제 마음속 어디선가 "너는 왜 그렇게 따지기를 좋아하느냐? 나는 너를 아무 조건 없이 사랑한단다."라는 속삭임이 들려왔습니다. 처음에 저는 '조건이 없다'는 말에 무덤덤했습니다. 왜 그랬을까요? 사람들은, "엄마는 내가 왜 좋아?"나 "자기는 나의 어떤 점이 좋아?" 같은 질문을 하곤 합니다. 그리고 그에 대해, "네가 내게 잘해주니까 좋지."라든가 "네가 착해서 좋아."라고 구체적으로 대답해주면 '내게 그런 좋은 면이 있구나.' 하며 마음을 놓습니다. 하지만 "그냥 좋지."라고 한다면 왠지 성의 없는 대답 같고 나를 별로 좋아하지 않는 것 같다고 생각합니다. 저도 살아오는 동안 이러한 조건부 사랑에 익숙해져 있었나 봅니다.

그러나 조건부 사랑이란 극단적으로 말하면, 그 조건 없이는 사랑도 없다는 의미가 아닐까요? 이렇게 조건부 사랑은 조각보 사랑에 불과한 것인데 어리석게도 그 조각보 사랑에 목을 매고 있었던 겁니다. 어쩌면 조건부 사랑을 받으면서 저는 그것이 사랑이라고 착각하며 살았고 또 그런 가운데 상처를 입었는지도 모르겠습니다. 가진 것을 다 팔아서라도 사고 싶은 보물로 나를 알아주시는 분께서 내가 무엇을 잘했거나 잘하기 때문이 아니라 내가 과거에 어떤 잘못을 했더라도 있는 그대로의 나를 받아주시며 무한한 사랑을 이미 주고 계셨던 것도 모르고 말입니다.

　　그날 이후로 제게 여러 가지 변화가 오기 시작했습니다. 언제부터인가 제 입에서 '비천한 여종'이란 말이 나오지 않게 되었습니다. 그리고 제게 '비천한'은 더 이상 '비참한'의 의미도 아니게 되었습니다. 겸손의 가면을 쓴 저의 열등감 때문에 생겼던 제 안의 큰 웅덩이가 하느님의 사랑으로 채워졌기 때문입니다.

　　이제 저의 중심도 다른 사람에서 제 안으로 옮겨왔습니다. 그렇게 되니 사람을 만나는 두려움도 많이 가셨습니다. 아니, 이젠 두려움이 아니라 가까워지고 싶고 도와주고 싶은 마음이 더 많아졌습니다. 있는 그대로의 제가 받아들여졌기에, 저도 다른 사람을 있는 그대로 받아들이려는 노력을 하게 되었습니다. 요즈음 저를 만나는 사람들이 예전에 제가 사람들 앞에서 말도 잘 못했었다고 하면 믿기 어렵다고들 하는 걸 보면 많이 달라지긴 했나 봅니다. 이렇게 저는 하느님 안에서 치유될 수 있었고, 그렇게 해주셨음에 감사할 따름입니다.

우리 동네에는 친절하면서도 도사(道士) 같은, 제가 '명의'라 부르는 의사선생님이 있습니다. 그분은 의대와 한의대를 나와 양방, 한방을 두루 섭렵했습니다. 내과적인 질환에다 어깨와 팔 다리에 통증을 달고 사는 '걸어다니는 종합병원'인 저는 신경 있는 곳까지 깊이 찌르는 침을 무서워하면서도 그 효과를 알기에 이 병원에 일주일에 몇 번씩 드나들며 치료를 받습니다. 한번은 혈액검사를 하자고 하기에 오후에 하면 금식 시간이 길어져 힘들다고 말했더니 전혀 그럴 필요가 없다고 했습니다. 오히려 '악한 피'를 보아야 하니 밥을 많이 먹고 오라고 해서 얼마나 웃었는지 모릅니다. '선한 피'보다는 '악한 피'에서 문제점을 더 잘 발견할 수 있다고요.

　바로 이것이 악이 선으로 가장할 수 없게 차단하는 방법이 아닐까요? 우리의 삶에서도 선으로 가장한 악을 분별하려면 악이 쌓여서 문제가 나타날 때까지 성급하게 결론내리지 말고 기다려봐야 할 것입니다.

　필수원소로 가장한 독성원소들을 흡수하는 것이 생물체에 치명적이듯 선의 가면을 쓰고 다가오는 악을 분별하지 못함으로써 인간의 영혼이 받게 되는 위험도 그 정도가 결코 덜하지 않습니다. 실망과 좌절에 빠져 극단적인 선택으로 불행하게 인생을 끝맺음한 이 시대의 많은 사건들이야말로 악의 유혹을 뿌리치지 못한 결과일 것입니다. 그 상황에서 자신의 선택이 가장 옳다고 느끼게 했으니 악은 얼마나 교묘한지요?

　이냐시오 성인이 말씀하신 대로 "아무리 괴로운 순간에도 좌절하지 말고, 하느님께서는 영혼 구원을 위하여 충분한 은총을 남겨두셨음을 잊지 말아야 한다. 또 인내를 지속하도록 노력해야 하며 그렇게 계속하면

머지않아 위안이 올 것을 믿어야 한다. 이를 위해 영적인 생활에 게으르거나 소홀해지지 말고, 봉사와 찬미를 드리는 데도 우리의 자력으로 되는 것이 아니라 모두 하느님의 은총으로 되는 것임을 깨달아 겸손해"져서 선으로 가장하여 오는 악의 유혹을 뿌리쳐야겠습니다.

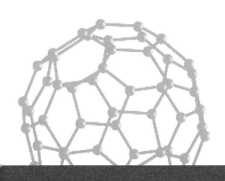

"너희는 유혹에 빠지지 않도록
깨어 기도하여라."
(마르 14, 38)

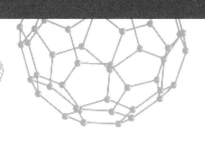

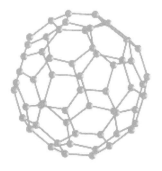

제설제와
부동액

설탕이 아닌 소금을 제설제로 쓰는 이유

요즈음 겨울은 기상이변 때문에 어찌나 춥고 또 폭설도 얼마나 자주 내리는지, 그렇지 않아도 움직이기 싫어하는 저는 외출을 최소한으로 줄이고 그저 집안에서 웅크리며 지냅니다.

몇 년 전까지만 해도 눈이 오면 낭만에 젖기도 했었지요. 언젠가 갑자기 눈이 내린 날 저녁 무렵이었습니다. 그날은 아침부터 울적해 있었습니다. 저는 기분이 좀 가라앉았다 싶으면 북악 스카이웨이를 택하여 출퇴근을 합니다. 비교적 한적한 그 길은 제게 계절의 변화를 가장 빨리 알려주고, 사계절의 진면목을 아낌없이 드러내주지요.

| * 황영애, 앞의 칼럼, 2011. 5, p.56.

그 눈 오던 날 저녁 불현듯 그 길로 가고 싶어졌습니다. 불그스레한 가로등 불빛에 반사된 눈을 와이퍼로 닦아가며 천천히 달리니 종일토록 우울했던 마음도 닦이는 느낌이었습니다. 차안 라디오에서 흘러나오는 감미로운 음악이 저를 살포시 휘감아주어 언제 우울했나 싶을 만큼 기분이 회복되었습니다.

하지만 요즘처럼 눈이 부대로 쏟아붓듯이 내릴 때면, 그런 낭만에 젖을 엄두는커녕 어서 제설제나 뿌려서 통행을 좀 편하게 해주면 좋겠다는 생각만 하게 됩니다. 인정하기 싫지만, '낭만'이란 젊은 날에 누리는 호사 같은 것이라고 생각하게 되는 걸 보면, 제가 나이가 들기는 들었나 봅니다.

그런데 제설제를 뿌리면 왜 얼음이 빨리 녹을까요? 요즈음은 염화칼슘이 자동차의 바닥을 부식시키는 정도가 너무 심하다고 소금으로 대체해서 사용하고 있지만 작년까지만 해도 염화칼슘을 사용해왔습니다. 우선 무엇 때문에 제설제로 소금이나 염화칼슘 같은 물질을 사용하는 것일까요? 그리고 전에는 왜 소금이 아니라 염화칼슘을 사용했을까요? 값이 더 싸서일까요? 가격을 알아보니 소금보다 염화칼슘이 더 싸지도 않습니다. 그러니 가격은 이유가 안 됩니다.

그건 물과는 다른, 용액(溶液)이 가진 특별한 성질 때문입니다. 물에 소금을 타면 소금 용액이라 하지요. 이때 물을 용매(溶媒)라 하고, 소금을 용질(溶質), 그리고 용질이 용매에 녹아 있는, 여기서는 소금물을 용액이라 합니다. 이렇게 용액이 되려면 용질은 용매에 녹는 물질이어야 합니다. 용매와 용질은 서로 극성(極性)이 같을 때 잘 녹습니다. 극성이 큰 용매에는 극성이 큰 용질이 잘 녹고, 반대의 경우도 마찬가지입니다. 소금이나 염화칼슘 같은 이온결합 화합물이 물에 잘 녹기 때문에 제설제로 사용하는 것입니다. 그러면 물에 녹는다고 무조건 좋은 제설제 역할을 할까요? 예를 들면 설탕도 물에 잘 녹습니다. 하지만 설탕은 제설제로 사용하지 않는데 왜 그럴까요?

용액은 용매와 같은 액체이면서도 용질이 들어갔기 때문에 몇 가지 성질이 달라집니다. 용질과 용질 사이, 용매와 용매 사이, 용매와 용질 사이의 인력이 동일한 용액을 이상용액(理想溶液)이라고 합니다. 이상용액에서는 설탕이든, 소금이든 용질의 종류에는 상관없이 용질의 양(농도) 또는 입자의 수에 따라서 용액의 성질이 달라지는데, 이렇게 농도에 따라서만 달라지는 성질을 '용액의 총괄성'이라 합니다.

용액의 첫 번째 총괄성은, 휘발성이 없는 소금 같은 용질이 녹아 있는 용액의 증기압은 순수한 용매의 증기압보다 낮아진다는 것입니다. 그 이유는 용질이 용매가 끓는 것을 방해하기 때문입니다. 액체가 끓는 현상은 대기의 압력과 액체의 증기압이 같을 때 일어나지요. 대기의 압력은 변하지 않고 동일한데 용액을 끓게 하려면, 증기압이 낮으니 온도를 더 올려주어야 하겠지요? 그래서 순수한 물의 끓는 온도보다 소금물의 끓는 온도가 더 높아지게 됩니다.

그리고 소금의 양이 많아지면 용액의 증기압이 더 많이 내려가서 온도를 더 높여줘야 끓게 되는 것이지요. 이는 용액의 두 번째 총괄성인 '끓는점 오름'으로 연결됩니다.

세 번째 성질은 '어는점 내림'입니다. 용액의 증기압이 용매의 증기압보다 더 낮기 때문에 고체와 액체가 평형을 이루는 온도도 용매의 경우보다 더 낮아지게 됩니다. 농도가 진해질수록 어는점은 더 많이 내려가지요.

그럼 먼저 설탕이 아닌 소금을 제설제로 사용하는 이유를 알아보겠습니다. 사실 첫 번째 이유는 여러분이 상상하는 대로 설탕물의 끈적거림 때문이겠지요. 그러나 그 이외에 다른 중요한 이유가 있습니다.

그것은 소금 용액이 설탕 용액보다 물의 어는점을 내리게 하는 효과가 더 크기 때문입니다. 용액 속에 녹아 있는 물질의 농도가 커지거나 입자가 많아지면 어는점은 더 많이 내려갑니다. 설탕($C_{12}H_{22}O_{11}$)은 공유결합 화합물이므로 물에 녹았을 때 해리되지 않아 한 분자가 그대로 있습니다. 소금($NaCl$)의 경우에는 물에 녹으면 나트륨이온(Na^+)과 염소이온($Cl-$)이 생성되어 2배의 농도가 됩니다.

$$설탕 \quad C_{12}H_{22}O_{11} + H_2O \rightarrow C_{12}H_{22}O_{11}(aq)$$

$$소금 \quad NaCl + H_2O \rightarrow Na^+(aq) + Cl^-(aq)$$

그리고 설탕의 분자량은 342.3으로 소금의 화학식량 58.5에 비해 매우 큽니다. 그러므로 같은 양을 사용하면 설탕의 몰수(mole수, 농도)가 소금에 비해 훨씬 작아지게 되고, 또 수용액에서 같은 몰의 입자수도 소금의 반밖에 안 되니 경제적으로도 설탕의 사용은 바람직하지 않습니다.

그리고 왜 전에는 소금이 아닌 염화칼슘을 사용했을까요?

염화칼슘은 화학식이 $CaCl_2$입니다. 수용액에서 염화칼슘은 칼슘이온 (Ca^{2+})과 염화이온($2Cl^-$)이 생성되어서 3배의 농도가 됩니다. 그러나 염화칼슘의 화학식량(111.0)이 소금의 거의 두 배이므로 같은 양을 사용할 때보다 소금의 농도가 조금 더 커지기 때문에 이것은 이유가 되지 않습니다.

염화칼슘을 제설 작업에 사용하는 큰 이유는 조해성 때문입니다(앞의 87쪽 참조). 조해성이란 고체가 대기 중에 있는 수분을 흡수하여 액체가 되는 성질을 말합니다. 염화칼슘 한 분자는 6분자의 물을 흡수할 수 있기 때문에 많게는 자신의 무게의 14배 이상의 물을 흡수할 수 있습니다. 따라서 장마철에 제습제로 사용하면 집안 곳곳에 습기로 인한 곰팡이 걱정을 덜기도 합니다.

이렇게 염화칼슘은 공기 중의 습기를 더 많이 빨아들여 염화칼슘 수용액이 되고 이 수용액은 얼음을 만나서 녹입니다. 이 녹은 물이 염화칼슘 용액과 합쳐지게 되면 어는점이 내려가 다시는 얼지 않게 됩니다. 즉 염화칼슘의 조해성은 눈을 녹이는 시작이 되기도 하고, 또 일단 녹인 눈이 얼지 않도록 도움을 주는 역할을 하지요.

그리고 염화칼슘은 물에 녹을 때 열을 내놓습니다. 이 열을 용해열(溶解熱)이라 하는데 염화칼슘은 1g당 175cal의 열량을 내놓으면서 조해성으로 녹인 용액에 열을 가해 온도를 높여주기까지 하니 효과를 고려한다면 눈 녹이는 것으로 염화칼슘만 한 것이 없습니다.

염화칼슘을 제설제로 사용했던 이유를 간단히 정리하면 이렇습니다. 염화칼슘은 조해성이 있어 공기 중의 수분을 흡수하므로 녹아 용액이 되는데, 이때 열을 내놓기 때문에 온도가 올라가면서 눈을 더 쉽게 녹일 수 있다는 점, 또 어는점을 -50°C까지 내려주기 때문에 녹은 눈은 다시 얼지 않게 된다는 점입니다.

참고로 순수한 소금은 조해성이 없지만 시판되는 소금에는 염화마그네슘이나 염화칼슘 등이 혼합되어 있어 조해성이 있습니다. 그리고 염화칼슘보다 어는점 내림효과가 덜하지만, 그래도 어는점을 -20~-15°C까지 낮출 수 있습니다. 소금을 제설제로 택하게 된 것은 효과 면과 자동차를 부식키는 정도를 비교해볼 때 그래도 소금이 낫다는 결론을 내렸기 때문이겠지요.

어는점과 끓는점 원리를 이용한 부동액

재미있는 것은 용액의 총괄성에서 보았듯이 용액은 어는점 내림효과만 있는 것이 아니라, 끓는점 오름효과도 있다고 했습니다. 그러니까 순수한 물에 어떤 물질을 넣어 용액이 되면 쉽사리 얼지도 않고 또 끓지도 않는다는 뜻입니다. 우리가 자동차의 냉각수에 넣어 사용하는 부동액도 바로 이 원리를 이용한 것입니다.

그러면 앞에서 제설제로 사용했던 소금도 쉽게 얼거나 끓지 않게 할 수 있으니 부동액으로 사용할 수 있을까요? 염화칼슘뿐 아니라 소금물도 자동차의 재질인 철을 부식시킵니다. 더구나 제설제는 한겨울에 그것도 이따금 사용하는 것이지만 부동액은 차량 내부에 사계절 내내 넣어 다니는 것이므로 조금이라도 부식시키는 물질은 사용할 수 없습니다. 따라서 소금물은 자동차의 부동액으로 적당하지 않습니다. 그럼 설탕물은 어떨까요? 설탕물도 용액이기 때문에 어는점은 내려가고 철을 부식시키지 않으니 부동액으로 사용해도 되지 않을까요? 설탕물을 사용해도 무방하기는 하겠지만 혹시라도 수분이 증발할 경우에 설탕 고체가 남게 되므로 냉각수가 지나가는 관 속에 쌓일 염려가 있지 않을까요?

우리가 실제로 사용하는 부동액의 원료는 에틸렌글라이콜(ethylene glycol) 또는 1, 2-에테인다이올(1, 2-ethanediol)이라고도 부르며 분자식이 $C_2H_4(OH)_2$인 유기물질입니다. 이 물질은 무색의 끈끈한, 단맛을 가진 액체입니다. 분자량은 62.07이고 끓는점은 197°C, 20°C에서의 비중은 1.1155이며 어는점은 -13°C입니다.

그러면 에틸렌글라이콜의 어떤 점이 부동액으로 사용하기에 적당할까요?

첫째, 물에 잘 녹고 대부분의 알코올과 같이 물과 어떤 비율로도 섞이므로 앞에서 말한 용액의 성질을 잘 발휘할 것입니다. 그리고 설탕과 같은 고체를 남기지 않습니다.

둘째, 에틸렌글라이콜은 분자량이 62.07로 매우 작습니다. 분자량이 작다는 것은 같은 양을 사용해도 용액의 농도(몰수)가 커진다는 의미입니다. 농도가 크면 어는점 내림이나 끓는점 오름의 효과가 커지게 되지요. 예를 들어 설탕의 분자량은 342.3이므로 둘 다 같은 양을 사용하게 되면 에틸렌글라이콜이 5.5배 정도의 효과를 내게 됩니다.

마지막으로, 그리고 매우 중요한 점인데, 에틸렌글라이콜은 유기물질이므로 자동차의 소재인 철과 반응하지 않아 부식시킬 염려가 없어 안전

합니다.

그러므로 이 부동액은 겨울에는 어는점을 내려주어 냉각수가 얼지 않게 해주고, 여름에는 끓는점을 오르게 하여 폐쇄된 용기 내의 액체의 압력을 낮춰주는 역할을 합니다.

☼ ☼ ☼

모니카 성녀[*]-아들을 향한 눈물의 기도가 응답받다

용액의 이러한 현상을 보면, 마음이라는 물속에 기도라는 물질을 충분히 넣어 기도 용액을 만들 때 우리의 마음도 쉽사리 냉혹해지거나 분노로 끓어오르지 않게 될 것 같지 않습니까? 기도란 단순히 우리가 원하는 바를 얻으려고 하는 것이 아닙니다. 기도는 하느님을 향한 우리의 사랑의 표현이며, 이웃 사랑의 원동력이 되는 것입니다. 기도는 또한 우리의 믿음이 부족함을 고백하는 것입니다. 우리의 믿음은 완전하지 못하기에 그분께 부족함을 고백하면서 도와주시기를 청하는 것입니다.

이렇게 기도할 때, 하느님께서 도움을 주시어 "환난은 인내를 자아내고, 인내는 수양을, 수양은 희망을 자아내게 됩니다."(로마 5, 3-4 참조) 어떤 모욕이나 고통을 당해도 하느님의 은총으로 결국은 극복할 수 있다는 믿음을 가지게 되므로 부글부글 끓는 마음을 달랠 수 있고, 아무리 부정적이

---

[*] 레온 크리스티아니, 이선비 · 이희수 옮김, 『아들아, 내 치마폭에는 눈물과 기도가 담겨있다』, 바오로딸, 1996.

거나 절망적인 상황에 맞닥뜨려도 희망을 잃지 않고 인내할 수 있기에 마음이 얼어붙지 않게 됩니다.

기도와 눈물의 어머니인 모니카 성녀(331~387년)는 성 아우구스티누스의 어머니로 가장 모범적인 어머니상으로 존경받는 성녀입니다. 그녀는 아프리카에 있는 타가스테(현재 알제리의 수크아라스)의 가톨릭교를 믿는 집안에서 태어났습니다. 그러나 이교도인 파트리치우스와 결혼함으로써 고난과 인내의 세월을 시작합니다. 모니카는 난폭하고 방탕한 남편과 18년간의 결혼생활 동안 관대하고 올곧으며 품위 있는 언행으로 일관하였습니다. 이로 인해 남편은 죽기 전에 회심하여 세례를 청했으며 모니카는 남편을 천국으로 인도할 수 있었습니다.

어렸을 때부터 학문에 열중한 맏아들 아우구스티누스는 아버지의 영향으로 이교도 명문교에 입학하였고 독서에 강렬한 흥미를 보였습니다. 그때 아들은 이미 어린 아이의 껍질을 뚫고 나왔음에도 그 내적 혼란을 철저히 숨겼기에 어머니는 아들이 순진무구하여 죄에 물들지 않으리라 생각했습니다. 그러나 나중에 육체의 쾌락이 아우구스티누스를 이미 삼켜버렸음을 알게 되었을 때, 어머니의 충고는 모자 사이의 틈을 벌어지게 할 뿐이었습니다. 그는 카르타고의 수사학 학교에 유학하면서 연애를 하여 18세에 아버지가 되었습니다. 홀로 된 어머니에게 가족 부양 문제까지 떠맡겼으니, 속수무책의 아들로 인한 고통이 얼마나 컸으면 모니카 축일을 '어머니 눈물의 축일'이라 부를까요?

그후에도 아우구스티누스는 사탄이 하느님 못지않은 영원불멸한 존재임을 주장하는 마니교에 빠져 육체적인 쾌락을 탐하는 등 어머니를 무척이나 안타깝게 했습니다.

하지만 늦게나마 밀라노에서 암브로시우스 주교를 만나 강론을 들었을 때 빛이 그의 영혼을 서서히 비추기 시작했습니다. 수사학적으로 평이한 문체라 생각되어 성경 읽기를 거부했던 그는 성경에 심오한 가르침이 있음을 깨닫게 되었습니다.

자신은 "선을 바라면서도 하지 못하고, 악을 바라지 않으면서도 그것을 하고야 마는"(로마 7, 19) 사람이며, "이성으로는 하느님의 법을 섬기지만 육으로는 죄의 법을 섬기는"(로마 7, 25) 비참한 인간이지만, 그럼에도 불구하고 그리스도를 통해 구원받았음을 고백한 바오로 서간의 말씀들이 그를 가장 감동시켰습니다. 육체의 죄로 고통받던 그는 그 말씀에서 경건한 얼굴과 참회의 눈물, 그리고 통회하고 겸손한 마음, 인간의 구원을 보았습니다. 또한 예수 그리스도의 옷을 입고 욕망을 위해 육신을 돌보지 말라는(로마 13, 14 참조) 말씀을 읽은 순간, 그의 마음에는 기쁨이 넘쳤습니다. 이렇게 하느님은, 아들을 가톨릭으로 귀의시키고자 오랜 기간의 모진 고통을 인내했던 모니카에게 "통곡을 즐거움으로 돌이키셨습니다."(시편 30, 12)라는 말씀을 이루어주셨습니다. 아우구스티누스는 그의 나이 43세에 어머니가 지켜보는 가운데 암브로시우스 앞에 머리를 숙여 눈물을 쏟으며 행복하게 세례를 받았습니다.

상상할 수도 없이 긴 세월 동안 어찌 그렇게 인내할 수 있었는지 저도 그 비밀을 꼭 알고 싶었습니다. 저도 성녀와 마찬가지로 '아들앓이' 중에 있었거든요.

에바의 삶에서 모니카의 삶으로

얼마 전에 〈케빈에 대하여〉라는 영화를 보았습니다. 에바는 여행가로서의 자기 일을 성공적으로 해내던 중 원치 않은 임신을 하여 아들 케빈을 낳습니다. 아기가 요람에 있을 때 엄마는 "네가 태어나기 전이 더 행복했었다."라고 말합니다. 그 이후 아기는 그때 엄마에게 받은 상처를 복수라도 하듯 아빠나 다른 사람과는 잘 지내면서도 엄마에게만 섬뜩할 정도로 차가운 눈길을 보냅니다. 케빈은 커갈수록 엄마에게 점점 당혹스럽고 잔인한 사고를 일으킵니다. 엄마는 사랑의 눈길로 감싸주지는 않았지만, 침착하게 인내하며 아이와 가까워지려고 노력합니다. 그러나 둘째로 태어난 여동생을 향한 엄마의 따뜻한 시선을 뒤에서 지켜보는 케빈의 눈길은 앞으로 일어날 비극을 예고합니다. 결국 열여섯 살 생일에 선물로 받은 활로 아빠와 동생, 그리고 학교 친구들을 보이는 대로 죽임으로써 마을 전체를 뒤흔들어놓습니다.

영화를 보는 내내 신앙을 가지기 전의 저와 에바가 오버랩되는 것을 느꼈습니다. 아니 저는 오히려 그녀보다도 훨씬 더 참을성 없이 아이들을 키웠지요. 그럼에도 불구하고 자식들이 케빈처럼 되지는 않았음에 감사했습니다. 만일 그랬다면 과연 어땠을까, 생각만 해도 가슴이 서늘해졌습니다.

저는 엄마가 되기만 하면 모성애가 저절로 샘솟는 줄 알았습니다. 지난겨울에 제주에서 있었던 눈꽃피정에 참가하며 식물원을 관람할 때의 일입니다. 바나나 꽃을 처음 보면서 얼마나 충격과 감동을 받았는지 모릅니다. 열매를 맺는 대부분의 식물들은 꽃이 지고 나서 열매를 맺습니다. 그런데 꼭대기에 튼실하게 한 움큼 맺힌 바나나 밑으로 죽 내려와 있는 줄기 끝 쪽에 꽃잎 하나가 매달려 있었습니다.

저를 놀라게 한 것은 가지런히 겹쳐서 닫혀 있는 연두색의 꽃잎 중 한 개만이 바나나 쪽으로 고개를 들고 빨간 핏빛의 꽃잎 내부를 보여주며 줄기에 기대어 위쪽을 올려다보고 있는 모습이었습니다. 그 꽃을 보며 자신은 죽어가면서도 튼튼하기만 한 자식들이 걱정되는 엄마의 모습이 떠올랐습니다.

미국에서 공부하던 시절, 간경화를 앓던 아버지께서 몇 번이나 돌아가실 고비를 넘기시고 어머니의 간호가 절대적으로 필요하던 시기였습니다. 그런데도 철없는 이 자식은, 아기를 낳게 되었을 때, 그리고 우리 부부가 박사 자격시험을 볼 때 오셔서 아기 좀 봐달라고 부탁을 드렸습니다. 두려움 때문에 떠나지 못하게 말리시던 아버지를 놓아두고, 어머니는 저를 위해서는 어떤 일이라도 하시려는 듯 달려와주셨습니다. 오직 기도로 아버지의 무사를 빌고, 자식의 합격을 기원하셨지요. 덕분에 아버지도 무사하셨고, 우리 부부도 시험을 하나하나 통과하게 되었으니 우리의 박사학위는 실로 어머니의 것이나 다름없습니다. 그럼에도 그후 제가 고생하는 모습만 보시고 효도를 못 받고 일찍 세상을 떠나셨으니 어머니만 생각하면 지금도 가슴이 먹먹해집니다.

제가 그런 어머니의 딸이니 가끔 책이나 신문에서 본 것처럼 아이를 위해 죽음을 불사하는 것이 쉽지는 않더라도, 적어도 에바같이 상처 주지 않고 키울 수 있을 줄 알았습니다. 하지만 현실에서는 그보다 더 모진 말을 쏟아내며 키웠습니다. 제게 받은 상처로 인해 자식들의 마음에 분노가 자라는 건 당연했지요.

그런데 상황을 더 어렵게 했던 건, 제 안에도 분노가 자라고 있었다는 점입니다. 변변히 여행 한 번 못갈 만큼 경제적으로, 시간적으로 쫓기며 살았고, 큰 수술을 몇 번이나 해야 했을 정도로 항상 아팠으며, 시부모님과 함께 사는 집에서 어느 누구의 위로도 받지 못한 채 제가 감당해야 하는 몫은 아무리 노력해도 제 능력 밖이었기 때문입니다. 분노와 분노가 부딪히니 그 갈등은 점점 더 극에 달했습니다. 심리학적으로 자기가 감당하지 못할 정도의 스트레스를 받으면 그 스트레스를 가장 약한 상대에게 풀게 되고 그 상대는 힘없는 자녀가 되는 경우가 많다고 합니다. 그러나 부모로서 그러지 말아야 한다는 것을 알았을 때는 이미 너무 늦어버린 후였습니다.

그때 제게는 살아야 할 이유와 희망이 없었습니다. 꾸불꾸불하면서도 고속으로 달리는 출근길의 내부순환도로에서 사고를 가장하여 벽에 차를 부딪치고 싶은 유혹에 얼마나 시달렸는지 모릅니다.

실낱같은 희망으로 냉담을 풀고 신앙의 끈을 잡게 된 것이 그 즈음이었습니다. 독실한 신자들을 볼 때마다 신기하게만 생각했지 나도 그렇게 되고 싶다는 생각은 별로 안 하고 지냈었지요. 그런데 제가 그 문을 두드린 것입니다. 한 세미나에서 처음 만나게 된 복음성가, 〈주님 것을 내 것이라고〉가 저를 크게 때렸습니다. "주님 것을 내 것이라고 고집하며 살아왔네. 금은보화 자녀들까지 주님 것을 내 것이라⋯⋯."

아! 그랬구나. 모든 것을 내 것이라 생각해서 그리 집착했구나! 한 세상을 살고 돌아가기까지 가족이든 돈이든 내게 잠시 맡겨주신 손님이고 재물이었는데……. 회개의 눈물이 제 볼을 타고 한없이 흘러내렸습니다. 나는 왜 이 지경으로 살아야 하느냐는 불평은, 이런 죄를 지었는데도 이제까지 용서받으며 살았다는 감사로 바뀌었습니다.

그 세미나에서 마지막으로 성령의 열매 하나를 청하라고 했을 때 저는 '인내'를 청했습니다. 그후로 지금까지 제가 그 열매를 받아서 살고 있음을 감사하게 생각합니다.

용서받았다고 느낀 저는 그제야 제 아픔보다 더 컸을 아이들의 아픔이 보였습니다. 그후에도 계속되는 그들의 원망을 성령의 열매인 인내로 감싸안을 수 있었습니다. 그들이 분노를 표출하는 순간에도 저의 아픔보다는 그것을 통해 그들이 조금이라도 치유될 것을 믿고 기도하였습니다. 상처를 치유하는 데는 상처 받은 기간만큼 소요된다고 하지요. 그런 각오로 기도하였습니다. 그래도 정 힘들면 하느님께 모두 맡겨버렸습니다.

기도는 저를 변하게 했습니다. 엄마의 변화를 본 자식들도 변해갔습니다. 어떤 재미있는 주제로 얘기해도 웃을 수 없었던 우리의 대화 속에서 웃음소리가 살아나게 되었지요. 지금은 작은아들까지 결혼하고 미국에 유학 중인데, 그는 연구조교로 생활비까지 나오는 장학금을 받고 있습니다. 이제 둘 다 제게 말합니다. "저희가 잘되는 건 다 엄마의 기도 덕분이에요. 이젠 저희들보다 어머니를 위해 사세요." 세상의 어떤 것보다 제게 살아가는 보람을 주는 말입니다.

그리고 보면 모니카 성녀야말로 인생길에서 뜻밖의 폭설을 만났을 때, 그리스도인으로서 어떻게 대처해야 하는가를 온 생애를 통해 보여주신

분입니다. 이 분 덕분에 막막한 인생길에서 어떤 제설제나 부동액보다 더 강력한 효력을 발휘하는 것이 바로 '기도'라는 사실을 깨닫게 됩니다. 하느님께서 우리를 오래 기다리게 하실지라도 결국은 모든 기도에 응답해주신다는 것을 보여주셨기에.

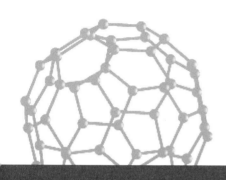

"하느님을 사랑하는 이들, 그분의 계획에 따라
부르심을 받은 이들에게는 모든 것이 함께 작용하여
선을 이룬다는 것을 우리는 압니다."

(로마 8, 28)

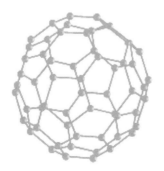

양쪽성 물질

염기성과 산성 모두에 작용하는 양쪽성 물질

일상생활에서 우리가 접하게 되는 물질은 거의 산성이나 염기성, 또는 중성을 띠는 것으로 구분합니다. 산은 양성자를 내놓거나 전자를 받을 수 있는 물질이어서 일반적으로 양전하를 띠고 있는 경우가 많고, 염기는 양성자를 받거나, 전자를 줄 수 있어 음전하를 띠는 경우가 많습니다.

그리고 대부분의 물질은 산성이나 염기성을 띠지 않는 중성인 데 반하여, 어떤 것은 산성과 염기성 모두로 작용하는 경우가 있습니다. 이들을 양쪽성(Amphoteric) 물질이라 하며, 이렇게 될 수 있는 이유는 산이나 염기는 절대적이라기보다는 어떤 물질과 만나는가, 또는 어떤 용매에 녹아 있는가에 따라 달라지는 상대적인 개념이기 때문입니다. 사람들도 어떤 성격을 가진 사람을 만나는가에 따라 대하는 태도가 달라지지 않습니까?

양쪽성 물질 중 가장 가까운 예로 물이 있습니다. 물은 아주 적은 양이지만 이온화하여 수화(水和)된 수소 이온(H_3O^+)과 수산화 이온(OH^-)을 모두 생성하므로 양쪽성 물질이라 할 수 있습니다.

주기율표에서 금속과 비금속을 구분하는 중간에 속하는 몇 가지 금속 또는 준금속, 예를 들면 알루미늄(Al), 주석(Sn), 납(Pb), 비소(As), 안티몬(Sb) 등과 같은 물질의 산화물과 수산화물이 양쪽성을 가지고 있습니다. 비소는 비금속이라고 불리기는 하지만 금속성을 아주 많이 가지고 있는 원소입니다. 양쪽성 수산화물은 양쪽성 산화물이 수화한 물질로, 염기에 대해서는 산으로, 산에 대해서는 염기로 작용하는 수산화물입니다.

예를 들어, 수산화알루미늄[$Al(OH)_3$]은 염기(KOH)와 반응하면 알루민산염과 물을, 산(HCl)과 반응하면 그 산의 염, 즉 염화알루미늄과 물을 생성합니다. 그러니까 양쪽 모두와 중화(中和) 반응을 하는 것입니다.

$$2Al(OH)_3(산의 역할) + 3KOH(염기) \rightarrow K_3Al_2O_3 + 3H_2O \ (중화반응)$$
$$Al(OH)_3(염기의 역할) + 3HCl(산) \rightarrow AlCl_3 + 3H_2O \ (중화반응)$$

생태계의 대표적인 양쪽성 물질로는 아미노산, 단백질 등이 있습니다. 우리 몸의 중요한 영양소인 단백질을 만드는 아미노산은 카르복실기(-COOH)와 아미노기($-NH_2$)를 함께 가지고 있습니다.

아미노산이 물에 녹게 되면 카르복실기는 양성자를 내놓고 $-COO^-$가 될 수 있고, 아미노기는 양성자를 받아 $-NH_3^+$로 되는 현상이 일어나기에, 각각 산성과 염기성을 띠게 되어 양쪽의 성질을 모두 가집니다. 여기서 생성된 이온을 양쪽성 이온(zwitter ion) 또는 쌍극성 이온이라고 하지요.

생명체에서 중요한 역할을 하는 단백질은 수십 개의 아미노산이 펩타이드 결합(peptide bond)이라 부르는 결합으로 연결된 고분자입니다. 펩타이드 결합은 아미노산의 한쪽 끝의 카르복실기와 이웃 아미노산의 다른 쪽 끝의 아미노기가 산과 염기로서 반응하여 물을 제거하면서 이루어지는 결합입니다. 이와 같이 양쪽성을 가지기 때문에 두 아미노산이 반응하여 펩타이드 결합이 생성되고 이 과정이 반복되면 거대분자인 단백

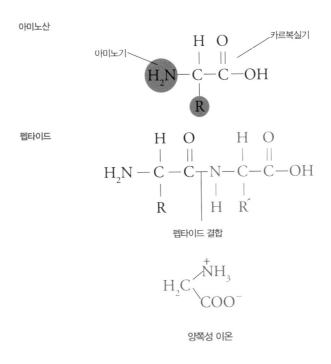

질이 폴리펩타이드(polypeptide)로 형성됩니다. 따라서 단백질도 양쪽성을 가지는 물질입니다.

아미노산이나 단백질이 이처럼 양쪽성을 띠는 것이 우리의 생명이나 건강 유지에 얼마나 중요한지 모릅니다. 우리가 산성 음식물을 섭취하게 될 때는 염기로 작용하고, 염기성 음식물을 섭취하게 되면 산으로 작용함으로써 체내의 pH(산성도)를 조절하는 완충제 역할을 하기 때문입니다.

두 화합물 사이에 다리가 되어주는 양쪽성 리간드

양쪽성이란 말은 산과 염기의 분류에도 사용하지만, 어떤 염기는 그 구성 원자 중에 한 가지만이 아닌 다른 원자로도 전자쌍을 내주어 전이금속과 배위결합할 수 있는 것이 있는데 이런 리간드를 양쪽 자리성(ambidentate) 혹은 그냥 양쪽성 리간드라 합니다. 시안화이온(CN^-), 티오시안산이온(SCN^-), 니트로이온(NO_2^-), 티오황산이온($S_2O_3^{2-}$) 등이 이에 속합니다. 티오시안산이온은 전이금속과 황(S)이나 질소(N) 중의 한 원자로 결합할 수 있고, 니트로이온은 질소(N)나 산소(O), 티오황산 이온은 황(S)이나 산소(O) 중의 하나로 결합할 수 있는데 어떤 금속을 만나느냐에 따라 그 결합하는 원자가 달라집니다.

일반적으로 원자의 크기가 클 때 이를 무르다(soft)고 하고, 작을 때 굳다(hard)고 합니다. 작은 고추가 맵다는 말과 통하는 원리입니다. 그런데 산과 염기도 끼리끼리 만나는 것을 좋아해서 무른 산은 무른 염기와, 굳은 산은 굳은 염기와 반응하려 합니다.

예를 들면, 전이금속 이온 중에서도 전이금속 원소의 첫 번째 주기에 있는 코발트(Co^{3+})이온처럼 작은 크기의 굳은 산은 염기인 양쪽성 리간 드 티오시안산이온(SCN^-)과 만나면 굳은 원자인 질소(N)가 전자를 주어 질소 쪽으로 결합하려는 경향이 있고, 아래 주기에 속하는 큰 로듐 (Rh^{3+})이온은 무른 산이므로 무른 원자인 황(S) 쪽으로 결합하려 합니다.

$$[Co(NH_3)_6]^{3+} + SCN^- \longrightarrow [Co(NH_3)_5(NCS)]^{2+} + NH_3$$
$$[Rh(NH_3)_6]^{3+} + SCN^- \longrightarrow [Rh(NH_3)_5(SCN)]^{2+} + NH_3$$

이 양쪽 자리성 리간드는 이름 때문에 두 자리를 차지하는 것 같아 보이지만, 반응에서 보는 바와 같이 한 번에 한 개의 원자만이 배위결합을 하여 한 자리만을 차지하며, 한꺼번에 두 자리를 차지하는 두 자리(bidentate) 리간드와는 구분됩니다. 때로는 양쪽 원자가 모두 전자를 줄 수 있는 성질 때문에 두 가지 금속화합물 사이에 다리가 되어 결합시켜 주기도 합니다.

$[Co(NH_3)_5(H_2O)]^{3+}$과 $[Fe(CN)_6]^{3-}$가 반응하면 철(Fe) 화합물의 시안 화이온(CN^-)은 코발트(Co) 화합물과의 사이에 다리가 되어 $[(NH_3)_5Co-NC-Fe(CN)_5]$와 같은 이핵체(二核體) 화합물을 생성합니다. 다핵체(多核體) 착화합물은 산화환원 반응이나 여러 가지 산업적으로 중요한 반응의 촉매로 사용될 수 있는 유용한 화합물이므로 다리가 될 수 있는 물질 또한 유용하다고 할 수 있습니다.

이어령 교수는 저서 『젊음의 탄생』에서 어찌 보면 오리 같기도 하고 어찌 보면 토끼 같기도 한 양면성을 띠고 있는, 비트켄슈타인의 오리-토끼의 그림을 보여주면서 진정한 지식과 진리는 양면성을 띠고 있다고 말했습니다.* 이제는 사회 전반에서 문화의 다양성을 요구하고 있으므로 양자택일에서 벗어나 오리-토끼의 양의성을 받아들여 융합의 시대를 만드는 것이 젊은이들의 과제라 하였습니다.

비트켄슈타인의 오리-토끼

그러니 양쪽성 리간드는 이렇게 다리가 되어주는 일이 융합으로 가는 좋은 방법이라는 것을 암시하고 있는 것 같지 않습니까?

이와 같이 양쪽성 물질은 한 가지 물질인데도 염기를 만나면 산으로, 산을 만나면 염기로 작용하면서 변신할 수 있어 아미노산 분자들끼리 결합시켜 단백질이라는 고분자를 생성할 수 있게 합니다. 또 다른 양쪽성 물질인 양쪽성 리간드는 한 가지 물질이면서 반응하는 상대방에 맞추어 굳은 산이 오면 굳은 원자가, 무른 산이 오면 무른 원자가 마중 나가 이들을 맞기도 하며, 두 다른 화합물 사이에 다리가 되어 융합을 가능하게

| * 이어령, 『젊음의 탄생』, 생각의 나무, 2008.

하는 아름다운 역할도 합니다.

이렇게 물질들이 자연법칙에 맞게 움직이면서도 융통성 있게 때로는 서로 다른 물질들 사이를 이어주고 있다는 사실이 신기하지 않습니까?

⚛ ⚛ ⚛

인간과 예수님 사이의 다리가 되어준 전교의 사도 바오로

양쪽성 물질을 보면서 저는 죄와 고통에 찌든 우리 인간과 예수님 사이에서 여러 가지 어려움에도 불구하고 복음을 전해주는 사람이 연상되었습니다. 넓게는 복음의 불모지인 낯선 곳에서 말씀을 전하는 선교사일 수도 있고, 좁게는 가까이 있는 가족이나 친구에게 말씀을 전해주는 사람일 수도 있지요.

그런데 전교는 정말이지 쉽지 않습니다. 아무리 나를 좋아하는 사람이라도 그에게 신앙을 알리는 것이 얼마나 어려운 일인지 모릅니다. 그건 입장을 바꾸어 제가 하느님을 받아들이기가 얼마나 오래 걸렸고 힘들었나를 생각해보면 쉽게 이해가 갑니다.

결혼을 하기 위하여 얼떨결에 영세를 받았고, 그후 때로는 사람들을 통해, 때로는 육신이나 마음의 아픔을 통해 끊임없이 하느님께서 제게 말씀을 걸어오셨음에도 이를 깨닫기까지 수십 년의 세월이 걸렸으니 말입니다. 누군가의 존재를 깨닫는다는 건 그의 사랑을 깨닫는 것이 아닐까요? 그런데 그 사랑을, 우리가 편안할 때는 아쉬움이 없으니 못 느낍니다. 아프고 소외당해 지푸라기라도 잡아야 하는 상황에 부닥치고서야 비로소 퍼뜩 깨닫게 됩니다.

그 사랑을 깨닫는 것이란 회심(回心)을 동반합니다. 마음이 하느님께로 돌아가는 것, 그래서 머리를 하느님께로 돌린다고 회두(回頭)라고도한다지요? 이렇게 그분의 마음으로 보기 시작하면서, 이제까지 남 때문이라고 생각했던 고통스러운 상황이 사실은 내 탓이었다는 사실을 깨닫게 됩니다. 그때 복잡하고 괴로웠던 마음에 평화가 찾아옵니다. 그리고그런 큰 잘못에도 불구하고 이제껏 나는 용서받으며 살고 있었구나 싶어하느님과 내 주위 사람들이 참아주었던 큰 사랑에 감사하는 마음이 피어오릅니다.

하지만 이렇게 되기까지 우리의 자아가 어찌나 끈질기게 우리를 물고늘어지는지, 인간의 마음만으로는 회심이 거의 불가능합니다. 그러니 자신을 돌아보는 데 하느님의 도움이 필요한 것이고 이 도움을 받는 것이신앙의 시작이지요.

또한 그렇기에 상처 입어 힘들어하는 상대에게 당신의 고통은 당신으로부터 말미암은 것이라는 것을 깨닫게 해주기가 얼마나 어렵겠습니까?우리가 사랑을 받았다는 느낌이 회심에 큰 도움이 되었듯, 그 상대도 사랑을 받아야 합니다. 때로는 친구가 되어주기도 하고, 의사가, 부모가, 그리고 형제가 되어주어야 하지요. 때로는 그 상대가 내게 말도 안 되는 억지를 부리며 괴롭히더라도 그 사람의 입장이 되어 받아주어야 합니다.

이와 같이 한 사람을 선교하는 일도 이토록 힘이 드는데, 유다인들은물론이고 이방인들에게까지 복음을 전함으로써 '전교의 사도'라 불리게된 바오로 사도는 대체 어떤 분이기에 그리할 수 있었을까요? 그는 왜 이방인들에게도 전도를 해야 했을까요?

바오로 사도의 인물과 사상을 『바오로스케치』에서 살펴보기로 합니다.[*] 바오로는 처음에 사울이라는 이름을 가진, 예루살렘 교회를 박해하는 사람으로 성경에 등장합니다. 그는 바리사이였습니다. 바리사이들은 예수님을 약속된 메시아로 받아들이는 일을 신성모독으로 여겨 메시아 추종자들을 붙잡아 유다 당국이나 로마 관헌에 넘기며 박해하였습니다. 특히 그는 바리사이 중에서도 박해에 앞장서는 선봉대였습니다. 교회를 없애버리려고 집집마다 들어가 남자든 여자든 끌어다가 감옥에 넘겼을 정도로[(사도 8, 3)] 열성 분자였습니다.

그런 그가 예수님을 만나 회심하게 되는 장면은 매우 극적입니다[(사도 9, 1-19)]. 다마스쿠스로 그리스도인들을 잡으러 가는 도중에 갑자기 하늘에서 빛이 번쩍였을 때 그는 땅에 엎어지며, "사울아, 사울아, 왜 나를 박해하느냐?" 하는 소리를 들었습니다. 사울이 누구인지를 묻자, "나는 네가 박해하는 예수다."라는 대답이 들렸습니다. 이때야말로 바오로가 메시아를 처음으로 체험한 순간이었습니다.

부활하신 예수님께서 사도들에게 나타나셨듯이 그에게도 나타나셨고, 이로 인해 바오로는 자기가 사도의 일행이 되었다고 믿게 되었습니다. 그는 예수님에 대한 지독한 박해자에서 열렬한 지지자로 바뀌었습니다. 그후 사도는 일생 동안 방방곡곡을 다니며 예수님을 메시아로 선포하는 데 온힘을 쏟았습니다.

| * 최광복, 『바오로스케치』, 도서출판 빅벨, 2008.

지성뿐 아니라 열성까지 갖춘 그는 그리스도교를 빠른 속도로 전파시켜 세계적인 종교가 되게 하는 일등 공신이었기에 '전교의 사도'로 불리게 되었습니다. 그런데 이러한 바오로 사도까지도 "그리스도는 유다인들에게는 걸림돌이고 다른 민족에게는 어리석음"[1코린 1, 23]이라 했으니 선교가 얼마나 힘들었는지 짐작할 수 있습니다.

융통성과 다양성을 발휘해 융합의 세계를 만들다

바오로 사도는 정통 유다인이며 로마 시민권자인 동시에 그리스 문학과 철학에도 조예가 깊은 사람이었습니다. 유다인들이 성경을 해석하는 데에도 분석력이 필요했고, 그리스인들이 자연 현상을 파악하는 데에도 분석력이 필요했습니다. 성경의 진리든, 자연의 진리든 이를 이해하려면 하나하나 따지고 분석하여 종합적으로 이해하는 능력이 필요한데, 바오로 사도는 이런 능력을 모두 갖추고 있었으므로 다른 두 세계를 이어주는 교량 역할을 할 수 있었다고 합니다.

바오로 사도는 우선 예수님을 구세주로 믿고 따르는 이들은 과연 누구인가 하는 문제를 분석한 끝에, "모든 유다인은 '이스라엘의 자손'으로 유다인 남자들은 할례를 받음으로써 더 이상 한 개인이 아니라 유기적 공동체의 일원이 된다. 예수님이 하느님의 약속된 메시아라면, 예수님이야말로 바로 완전한 이스라엘이 아니겠는가? 그러므로 예수님의 제자들은 새로운 이스라엘 백성이다. 이제 유다인의 테두리를 넘어서서, 모든 인류는 원조 아담의 자손으로서 하느님의 새 피조물이 된 것이 아니겠는가? 예수님의 부활로 우리 인류도 종말에 가서 부활할 수 있다는 희망을 가지게 되었으니 새로운 창조가 아니고 무엇인가. 그러므로 예수님이야말로 새 아담이고 새 창조임에 틀림없다."라고 결론짓게 되었습니다. 이로써 바오로 사도는 언제나, 어디서나, 누구에게나 복음을 전하며 예수님과 인간뿐 아니라 유다인과 이방인들의 세계 사이에 다리 역할을 하게 된 것입니다.

바오로 사도는 분석력 못지않게 융통성을 발휘하여 이방인들에게는 유다인처럼 살라고 강요하지 않았습니다. 그가 이러한 융통성을 발휘할 수 있었던 것은, '박해자'로 살았던 그를 예수님이 품어주셨기 때문이 아니었을까요? 바오로 사도는 갑자기 시력을 잃었다가 되찾게 되는 사건을 겪습니다. 그 방법이 극적이었던 것만큼 바오로 사도는 자기 삶에서 극적으로 '빛'이 되어 나타나신 예수님의 존재와 그분의 '사랑'을 깨닫게 되었고, 그 깨달음의 깊이만큼 관용과 열정을 지니게 된 것이 아니었을까요?

베드로 사도는 환시를 통하여 하느님께서 모든 음식은 깨끗하니 먹어도 죄가 되지 않는다는 계시를 받았습니다^(사도 10, 9-16 참조). 그럼에도 그는 안티오키아(안타키아, 현재 터키 남동부에 있는 도시. 시리아와의 국경 부근으로 신약 시대에 로마제국에서 세 번째로 큰 도시였다.)를 방문했을 때 야고보가 보낸 사람들이 오기 전까지는 이민족과 함께 음식을 먹더니 그들이 오자 몸을 사리며 다른 민족과 거리를 두었습니다.

이에 대해 바로오 사도는 베드로 자신도 유다인으로 제대로 살지 못하면서, 어떻게 이민족에게는 유다인처럼 살기를 주장하느냐고 반박하였습니다. 그는 고지식하게 율법을 고수하는 것에 반대하였고, 이방인들에게는 좀 더 폭넓은 자유를 허용한 것입니다(갈라 2, 11-14).

유다인 교우 형제들에게는 그들이 율법을 준수함으로써 하느님의 계약에 연결된다고 보았기에 약속의 표징인 할례를 받는 것이 옳다고 보았습니다. 그러나 모세의 율법은 그리스도 안에서 완성된다고 보았으므로 옛 율법을 이방인들에게 그대로 적용하는 것은 불필요하며 개종한 신자들에게 혼란만 가중시킨다고 하였습니다. 율법만 지킨다고 의롭게 되는 것이 아니라(갈라 3, 11) 주님께서 거저 주시는 은총으로 의롭게 된다고 보았기 때문입니다(티토 3, 7).

그리고 코린토(코린토스, 그리스 본토와 펠로폰네소스 반도를 잇는 코린트 지협에 있었던 고대 도시국가) 신자들로부터는 재정적 지원받기를 거절했지만, 갈라티아(고대 소아시아의 중앙 내륙 고지대로, 현재 터키의 중앙 아나톨리아 영역) 신자들로부터는 기꺼이 받았습니다. 코린토 공동체는 부자와 빈자의 갈등과 격차가 심해서 부유한 자들을 나무라는 입장에 있던 그였기에 그들의 지원을 거절한 것입니다. 이와 같이 상황에 따라 융통성과 다양성으로 '모든 이에게 모든 것'이 되었습니다.

또한 '박해자'와 '사도'로서의 삶, 이 양쪽의 삶을 모두 경험한 그는 예수님과 우리 인간, 그리고 전 세계를 이어주는 다리 역할을 하여 융합의 세계를 만들고자 했습니다. 이렇게 그리스도교의 발전에 가장 크게 기여한 공로를 기려 교회는 성 바오로 탄생 2000주년을 맞아 2008년 6월 28일부터 2009년 6월 29일까지 1년간을 성 바오로에게 바치는 '바오로의 해'로 선포하였습니다.

몇 년 전에 제게 대학원생으로 들어오기를 원했던, 성적이 매우 우수한 학생이 있었습니다. 그런데 어느 날 그가 면담을 청하면서, "죄송하지만 신학교에 가기로 결정했습니다. 저의 결정을 교수님께서는 잘 받아주실 것 같았습니다."라고 말했습니다. 저는 "너를 다른 교수나 학교에는 빼앗길 수 없지만 하느님께는 기꺼이 그렇게 하겠다."며 그의 앞길을 위해 기도하겠다고 했습니다. 그가 방학 때 본당에 나올 때면 천주교 신자 동료 교수 몇 분과 함께 만나곤 합니다. 그분들은 제게, "신학생까지 배출하였으니 대단하십니다." 하고 농담을 건넵니다. 그 일은 제게 그냥 넝쿨째 굴러온 호박이었지요.

　이제 저도 양쪽성을 발휘해서 선교를 두려워하며 안에서 기도만 하지 말고 온몸으로 밖에서도 뛰면서, 화학과 신앙에 다리를 놓는 일에 좀 더 적극적으로 참여해야겠습니다.

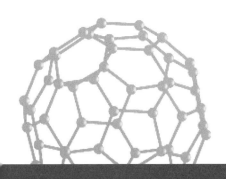

"어떻게 해서든지 몇 사람이라도 구원하려고
모든 이에게 모든 것이 되었습니다."

(1코린 9, 22)

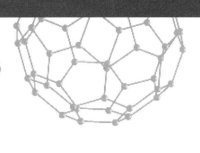

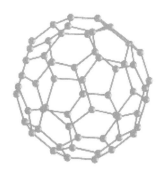

활성화 에너지[*]

반응 물질들을 서로 만날 수 있게 해주는 중매쟁이

'화학 반응'이라는 말을 들으면 우리는 음산한 분위기의 실험실에서 플라스크 안에 들어 있는 용액을 끓이는 광경을 먼저 생각하게 됩니다. 아마도 예전에 〈프랑켄슈타인〉이나 〈지킬박사와 하이드〉 같은 영화에서 보았던 장면 때문일 겁니다.

TV 화면에 하얀 가운을 입고 정갈한 분위기의 실험실이 많이 등장하는 요즘에도 여전히 화학이란 굴뚝으로 시커먼 연기를 뿜어내고 더러운 폐수를 내보내는 것처럼 더럽고 위험한 일과 관계가 있다고 생각하는 사람들이 있습니다. 그러나 숨 쉬는 일을 포함하여 체내에서 일어나는 모

| * 황영애, 앞의 칼럼, 2011.10, p.56 참조.

든 작용에 관계된 물질, 그리고 사람과 사람 사이에 일어나는 사랑하고 미워할 때 나오는 물질들, 기분 좋을 때 또는 기분이 나쁘거나 스트레스를 받을 때 나오는 호르몬들까지도 모두 화학 반응에 참여하고 있는 화학물질입니다.

그리고 우리 생활에 필요한 셀 수 없이 많은 물건들이 화학 반응을 통하여 만들어집니다. 하지만 우리는 이러한 반응들이 어떻게 일어나는지 인식하지 못할 뿐 아니라 그 반응이 일어나려면 몇 가지 단계를 거쳐야 하는지, 또 그 단계마다 얼마큼의 에너지가 드는지 하는 것에는 관심이 없습니다.

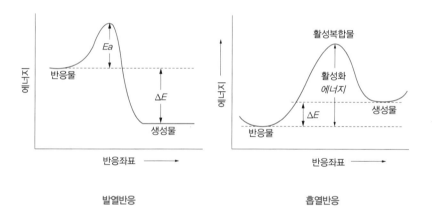

발열반응　　　　　　　　　흡열반응

두 가지 이상의 물질이 만나 반응을 하는 데는 반응열이 필요합니다. 반응열을 화학적으로 설명하면 반응이 일어나기 전의 반응하는 물질들(반응물, reactants)의 에너지와 마지막 생성되는 물질들(생성물, products)

의 에너지 차이(ΔE)를 말합니다. 반응물의 에너지가 생성물의 에너지보다 높은 경우도 있고, 그 반대인 경우도 있습니다.

첫 번째 그림에서와 같이 반응물의 에너지보다 생성물의 에너지가 더 낮으면, 다시 말해서 생성물이 반응물보다 더 안정하면, 반응이 진행되면서 그 에너지 차이인 반응열만큼의 열이 밖으로 방출됩니다. 이러한 반응은 열이 나오는 반응이라 해서 발열반응(發熱反應)이라 부릅니다. 겉보기에는 외부에서 열을 가해주지 않아도 반응이 일어날 것처럼 보이지요. 그러면 가만히 놓아두어도 이 반응이 저절로 일어날까요?

잠시, 반대의 경우도 생각해봅시다. 두 번째 그림과 같이 생성물의 에너지가 반응물의 에너지보다 높다면 어떨까요? 이번에도 그 에너지 차이를 반응열(ΔE)이라 부르며, 반응이 이루어지는 데 그만큼의 에너지를 외부에서 가해주어야 한다, 즉 흡수해야 한다 해서 흡열반응(吸熱反應)이라 부릅니다. 그렇다면 이 경우 그만큼의 에너지만 가해주면 반응이 진행될까요?

두 질문 모두 결론부터 말하자면 그렇지 않습니다.

그 이유는 반응물질들이 모두 가까이에 존재한다고 해서 화학 반응이 저절로 일어나지는 않기 때문입니다. 반응이 진행되려면 물질들이 서로 만날 수 있어야 하는데 이를 위해서는 각 물질이 충분한 에너지를 가지고 있어야 하지요. 그들이 반응하려면 충돌할 수 있어야 하기 때문입니다. 다시 말하면, 반응물질들이 우선 활성화되어야 한다는 것입니다.

사실 사람들의 경우도 마찬가지입니다. 가까운 거리에 있다고만 해서 마음도 가까워지는 것은 아니지요. 그들 사이가 가까워질 수 있는 다른 요인이 필요합니다.

이처럼 만일 반응물질들이 다른 방향을 바라보고 있었다면 같은 방향으로 향하도록 만들어주어야 하고, 다음으로는 그들이 부딪히도록 해주어야 합니다. 그러기 위해서는 일정한 양 이상의 에너지를 가지고 있어야 하는데 그 일정한 양의 에너지를 활성화 에너지(Activation Energy, Ea)라 합니다.

곧, 발열반응이든 흡열반응이든 반응이 진행되려면 우선 물질들이 활성화되는 단계를 거쳐야 하고, 그후 활성화된 물질들이 만나서 겉보기의 반응열을 얻거나 방출하면서 그 반응이 완결되는 것입니다. 그러니 화학반응이 이루어지려면 겉보기의 반응열 말고도 눈에 보이지 않는 활성화 에너지만큼 더 많은 에너지를 필요로 한다는 것이지요.

물질의 반응속도는 활성화 에너지에 달려 있다

앞에서 발열반응은 생성물이 반응물보다 더 안정한 반응이라고 했습니다. 그렇다면 그 반응은 빨리 진행될 수 있을 것처럼 보이지 않습니까? 반대로 흡열반응은 언제나 반응이 느리게 진행될 것처럼 보이지요? 이번에도 답은 모두 '아니오'입니다.

반응속도는 반응열과는 관계가 없고 오로지 활성화 에너지와 직접적인 관계가 있습니다. 활성화 에너지가 높으면, 즉 반응물들을 활성화하기가 어려우면, 반응속도는 느려지고, 활성화 에너지가 낮으면 속도는 빨라집니다.

촉매는 이 활성화 에너지에 영향을 미치는 물질로 정촉매와 부촉매 두 가지 종류가 있습니다. 정촉매는 반응의 활성화 에너지를 낮추어 반응이 더 빨리 일어날 수 있게 만들고 부촉매는 그와 반대로 활성화 에너지를 높여서 반응이 더 느리게 일어나도록 합니다.

이와 같이, 반응물과 생성물의 에너지 차이, 즉 반응열만큼을 외부에서 가해주면 반응이 일어날 것 같지만, 따로 반응물이 활성화할 수 있는 에너지를 더 넣어주어야만 반응이 일어납니다.

그리고 생성물이 반응물보다 훨씬 안정하다고 해서 반응속도가 빨라지는 것이 아니라는 것이 좀 이해하기 어렵지 않습니까? 인간사나 화학반응 모두가 안정되는 방향으로 진행되는 것이 이치인데 말입니다.

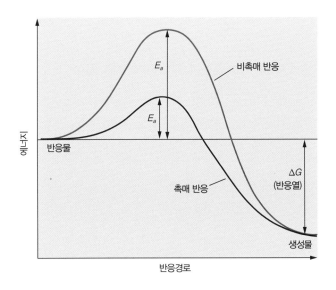

촉매와 활성화 에너지

물론 안정화가 이루어지는 방향으로 반응이 진행된다는 말은 맞습니다. 그런데 그 의미는 외부에서 어떤 에너지도 가해주지 않은 채 가만히 놓아두었을 때, 언젠가는 그 방향으로 저절로 진행되는 데 도움이 된다는 것이지 빨리 진행되는 것과는 관계가 없다는 것입니다. 저절로 진행된다는 것도 때로는 에너지의 안정화만으로는 부족하여 엔트로피 같은 다른 요인의 도움을 받아야 할 때도 많습니다.

이와 같이 발열반응의 경우에 밖에서 볼 때는 당연히 저절로 진행되어야 할 것 같은 반응인데 눈에 보이지 않는 활성화 에너지의 도움을 받아야 한다니 이 세상의 어떤 것도 공짜로 되는 것은 없다는 말이 실감납니다.

어떤 일을 꼭 성사시키고 싶을 때 마음을 오롯이 모아 기도하는 마음으로 임했을 때는 좋은 방향으로 해결되었고, 아무리 가능한 조건이어도 무성의하게 내버려두었을 때는 실패했던 경험을 누구나 가지고 있을 것입니다.

⚛ ⚛ ⚛

묵주기도가 주는 활성화 에너지

우리의 삶에서는 눈에 보이지 않는 그 에너지를 어디서 얻어야 하는 것일까요? 앞에서 어떤 일을 할 때 간절한 마음이 좋은 방향으로 이끄는 것을 느낀다고 했습니다. 예부터 우리 어머니들이 과거시험 보러 먼길을 떠난 자식의 합격과 무사귀환을 위해 정화수를 떠놓고 빌던 일은 바로 이런 간절한 염원이 담긴 것이었습니다. 저는 이런 간절한 기도를 통해서 하느님께서 인간에게 주시는 '활성화 에너지'를 받을 수 있다고 믿습니다.

그리고 기도 중에서도 특히 묵주기도는 믿음의 고백인 사도신경을 비롯하여 주님의 기도와 성모송, 영광송, 구원의 기도, 성모찬송, 그리고 기도의 처음에 바치는 성호경을 합하여 일곱 가지 기도가 어우러져 있기에 매우 강한 영적 에너지를 받을 수 있다고 생각합니다.

묵주기도는 처음에 성호경을 그으며 시작합니다. 이는 묵주기도가 성부와 성자와 성령께 바치는 기도라는 의미입니다. '묵주기도 묵상'에 대한 강의에서 박상운 신부는, 이 기도를 한 권의 책, 또는 논문으로 생각할 수 있다고 했습니다. 즉 사도신경은 이제부터 어떤 내용의 기도를 할 것이라고 설명하는 부분이 포함된 서론이고, 20단의 신비 묵상이 본론, 그리고 영원한 생명을 주실 것을 믿는 성모찬송이 결론이라는 것이지요. 모든 기도의 내용은 우리의 과거, 현재, 미래를 포함하며 영원한 생명으로 다시 이어집니다.

20단의 본론의 내용은, 예수님의 탄생부터 공생활(예수께서 하느님의 아들이시며 그리스도이심을 공적으로 드러내고 복음선포를 시작한 이후의 생활) 이전까지를 묵상하는 환희의 신비 다섯 단, 예수님께서 공생활을 시작하시며 세례 받으시고 사람들 가운데에서 기적과 치유를 베푸시고 당신의 몸을 우리의 영원한 생명의 양식으로 내어주심을 묵상하는 빛의 신비 다섯 단, 예수님의 수난과 죽으심을 묵상하는 고통의 신비 다섯 단, 마지막으로 예수님의 부활과 성령을 보내주시는 묵상이 있는 영광의 신비 다섯 단으로 이루어집니다.

이렇게 네 가지 신비를 묵상하는 것은 예수님의 전 생애를 묵상하는 일입니다. 단순히 우리의 머리로 이해하는 데 그치는 것이 아니라 신비 하나하나마다 그에 해당하는 성경 속으로 들어가 이 모든 일이 일어났을 때 예수님의 마음이 되어 우리도 예수님의 눈으로 세상을 볼 수 있게 되기를 기도하는 것입니다.

예를 들어 환희의 신비 3단에서 마리아께서 예수님을 낳으심을 묵상 할 때는 우리 안에서도 예수님을 탄생시킬 수 있도록 기도하고, 고통의 신비 5단인 예수님께서 십자가에 못 박혀 돌아가심을 묵상할 때는, 예수 님이 십자가 위에서 하신 말씀, 그 중에서 예수님을 잡아 사형시킨 사람 들을 용서하셨듯이, 우리를 고통스럽게 하는 사람을 용서할 수 있는 힘 을 간구하며 기도하는 것이지요.

성부와 성자와 성령께 이 기도를 봉헌하면서, 신비 한 단마다 주기도 문 한 번과 성모송 열 번, 영광송 한 번을 읊조립니다. 성모송의 맨 마지 막 부분에서는 "이제와 저희 죽을 때에 저희 죄인을 위하여 빌어주소 서."라고 하며 우리는 성모님께 함께 기도해주실 것을 청합니다.

예수님께서 첫 번째 기적을 일으키신, 카나의 혼인 잔치에서 물이 포 도주로 변하는 반응이 일어난 데에는, 아직 예수님께서 때가 되지 않았 다고 하셨음에도 불구하고 성모님의 전구(轉求, 성모 마리아나 천사 또는 성인들을 통하여 간접적으로 은혜를 구하는 기도)가 결정적인 역할을 했다 고 믿으니까요 (요한 2, 1-11 참조).

또 첫 번째 기적을 혼인잔치에서 일으키셨으니 예수님이 우리의 가정을 얼마나 소중하게 생각하시는지도 떠올리게 됩니다.

기도의 에너지를 받아 아들에게 일어난 기적

부끄럽지만 제 큰아들의 이야기를 하겠습니다. 그는 미국의 유명한 대학교의 대학원으로 유학을 떠났습니다. 자랑하는 것 같지만 그는 우리나라에서 말하는 일류 대학교를 우수한 성적으로 나왔기에 모두들 그의 앞날은 탄탄대로일 거라고 생각했지요. 그런데 그곳 대학원에서 그가 원하는 지도교수 외에도 또 다른 교수가 그를 지도 학생으로 원했습니다. 그분의 요청이 끈질기게 이어졌으나, 아들은 원래 그 대학교를 지원한 목적이 자신이 선택한 지도교수 밑에서 공부하는 것이었기 때문에 마음을 바꾸지 않았습니다.

공부를 시작한 지 2년쯤 지나서 박사 자격시험을 보게 되었을 때, 필기시험은 우수한 성적으로 통과했는데, 문제는 구술시험이었습니다. 물샐 틈 없이 준비하여 모든 대학원생들 앞에서 발표를 하고 났을 때 잘했다고 하는 사람들의 눈빛을 발견하고 안심하려는 순간, 심사위원인 문제의 그 교수의 질문이 시작되었습니다. 그리고 몇 마디 묻더니 자기 생각과 다르다면서 그냥 자리를 박차고 나가버렸다고 합니다. 어이없게도 시험은 무산되었고, 당연히 그의 첫 번째 시험은 제대로 치르지도 못하고 불합격이었습니다.

자신을 버리고 다른 교수를 택한 학생에 대한 보복 행위였습니다. 저도 유학시절 주위에서 그런 경우를 보았기에 그 얘기를 들었을 때 일어날 수 있는 일이라 생각했습니다. 전공 분야의 심사위원 수를 맞추기 위해 그분을 택할 수밖에 없었던 것도 아들의 불운이었던 것 같습니다.

구술시험은 두 번의 기회가 있고, 이때도 불합격이면 학교를 떠나야 합니다. 사실 두 번째 시험도 기약할 수 없었습니다. 심사위원은 한 번 정하면 바꿀 수가 없었기 때문이지요. 그러면 수년간의 공부가 물거품이 되어버릴 테니 아들은 거의 절망 상태에 있었습니다. 그 소식을 들은 제 마음도 무너져내렸지만 아들 앞에서 내색도 못하고 그저 근심만 쌓여갔습니다. 차라리 제가 당하는 것이 낫겠다는 심정이었지요. 그러나 후에 저는 그 교수를 미워하지 말자며 다 잘될 거라고 아들을 다독였습니다. 그러고는 친한 사람들에게 기도를 부탁했습니다. 아들과 지도교수의 미사를 함께 봉헌하며 묵주기도를 끊이지 않고 했지요.

드디어 6개월쯤 지난 후 아들이 다시 시험을 봐도 되는지 두렵다며 의논을 해왔을 때, 저는 걱정 말라며 왠지 성모님께서 도와주실 것 같다고 말해주었습니다. 그 말대로 아들은 기적같이 합격했습니다. 그로부터 몇 년간 또 다른 인고의 세월을 보낸 후, 이번에는 박사학위 논문을 제출할 때 치르는 마지막 구술시험을 보게 되었습니다. 또 비슷한 문제가 생긴 것이지요. 그러나 이때도 저는 주님만을 의지하며 꿋꿋하게 아들에게 용기를 주었고, 아들은 합격할 수 있었습니다.

실제로 아들은 시험 중에 '기적이 일어나고 있네. 엄마의 기도가 이루어지고 있구나.'라는 생각이 들었다고 합니다. 그 말을 듣고 저는 기쁘다 못해 전율을 느꼈습니다. 왜냐하면 아들은 결혼 전에는 한국에서 곧잘 성당에 다녔고 군대에서도 신부님을 도와 성당 일을 돕는 군종병(軍宗兵)

이 되었을 만큼 열심이었는데, 결혼 후 미국에 가서는 냉담 중이었기 때문입니다. 그래서 아들이 기도를 부탁하는 것만으로도 저는 매우 감사했습니다.

그러나 학위를 받았다고 끝이 아니었지요. 이번에는 다른 학교에 박사 후 연구원 과정을 지원해야 하는데, 지도교수는 추천서를 써주지는 않고 2년간 자신의 그룹에서의 연구원 자격만을 허락했습니다. 당시 미국은 경기침체로 취업이 잘 안 되는 상황인 데다 외국인이었고, 무엇보다도 자신의 학생이 필요했기 때문입니다. 그가 박사과정에서 한 일은 다른 선배 학생들이 오랫동안 풀지 못한 과제를 받아서 해결한 것이었기에 정말 특출한 결과를 낸 것이었습니다. 이 결과는 아들이 지도교수 곁에 묶이게 된 원인이 되었을 뿐, 그의 우수성에 대해 교수는 한마디도 언급하지 않았다 합니다. 게다가 연구비가 없으니 월급도 못 주겠다고 했다니 결혼하여 아기까지 있는 아들에게는 치명적인 소식이었지요.

이 문제에 대해 또 저와 기도 친구들의 기도가 시작되었습니다. 무슨 일이 일어났을까요? 교수가 그에게 직접 연구비를 신청하라고 시켰는데 그것이 통과되었답니다. 당연히 월급을 받을 수 있었지요.

그리고 또 얼마 후, 취업이 힘들 거라며 우울해하던 아들로부터 좋은 소식이 전해졌습니다. 한 회사가 인터뷰 제의를 해왔다는 것입니다. 이제는 아들이 먼저 기도를 청했습니다. 결과는 정말 감사하게도 합격이었습니다.

아들이 제게 그 동안의 기도와 노고에 감사를 표했을 때, 저는 "이제부터 너희 가족을 위해 네 자신이 더 열심히 기도해야 한다. 그리고 기도란 무엇을 구하기 위해서도 하지만 그보다는 하느님의 뜻에 비추어 끊임없이 자신을 성찰하는 게 중요하다. 학교생활에서 무엇이 너의 문제였는지를 잘 돌아보고 앞으로 직장에서는 그 일을 되풀이하지 말자."고 말해주었습니다.

아들이 시험과 취업에서 연속으로 뜻을 이룰 수 있었던 것은 아마도 저와의 대화에서 스스로 변화되었기 때문이 아니었을까요? 사람의 변화가 하느님이 이루시는 가장 큰 기적이라지요? 얼마 전에는 아들이 투고한 저명 학술지의 논문이 두 달간 '가장 많이 읽힌 논문'에 뽑혔다는 기쁜 소식을 들었습니다. 그때 아들은 그간 잦은 좌절로 자신감을 완전히 잃었으며 정말 자기가 능력이 없는 게 아닌가 싶었다고 합니다. 내 기도와 격려가 아니었다면 아마도 포기했을 거라며 가족이 얼마나 중요한지를 절절이 느꼈다고 털어놓았습니다.

그러면서도 그러한 고통이 자신을 겸손한 사람이 되도록 성숙시켰다며 모든 상황을 다 받아들이는 모습을 보면서 제 아들이지만 대견스러웠고 주님께 깊이 감사드렸습니다. 가시적인 실력이나 노력으로 쉽게 갈 수 있으리라 믿었던 길이었지만, 곳곳에 놓인 걸림돌을 넘어가기 위해 눈에 보이지 않는 활성화 에너지가 절대적으로 필요했던 것입니다.

기도할 수밖에 없어서 기도했던 이 과정에서, 학위와 취업이라는 가시적인 결과 말고도 아들과 저 사이에 존재했던 두꺼운 벽이 완전히 허물어진, 더 큰 화해의 선물을 받았습니다. 그리고 냉담 중이었던 아들의 믿음이 돌아온 것을 보면서 하느님이 주시는 활성화 에너지의 성격이 어떤 것인지도 분명히 알게 되었습니다.

여러분도 성모님의 망토 자락 같은 푸르른 하늘을 바라보며 묵주기도를 드려보면 어떨까요? 내 인생의 크고 작은 사건들을 통해 아름다운 생성물을 빚을 수 있도록 필요한 에너지를 전구해달라고 말이지요.

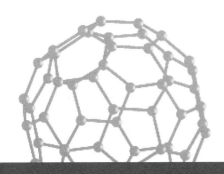

"언제나 기뻐하십시오.
끊임없이 기도하십시오.
모든 일에 감사하십시오."
(1 테살 5, 16-18)

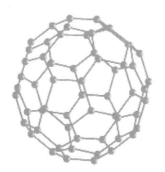

더해주는 삶

촉매의 희생 정신

온몸을 던지는 균일 촉매와 표면으로만 반응하는 불균일 촉매

앞에서 이미 말했듯이 제가 하는 일이 촉매를 합성하는 일입니다.

일반적으로 사람들은, 어떤 물질이든지 반응에 참가하게 되면 새로운 생성물을 만들고, 그 생성물 속에는 반응물들의 성분 원소가 모두 존재하리라고 생각합니다. 하지만 그렇지 않은 경우도 있습니다. 예를 들면, '촉매'라는 물질은 다른 두 물질 사이의 화학 반응에서 그 반응을 도와주느라 참여는 하였지만, 정작 자신의 성분을 가진 생성물은 얻지 못합니다. 이러한 촉매는 생성물을 좀 더 쉽고 빠르게 만들기 위해 첨가하지요.

촉매는 크게 균일계 촉매(homogeneous catalyst)와 불균일계 촉매(heterogeneous catalyst)로 분류합니다.

반응물들이 용액에서 반응을 할 때 자기도 함께 녹아서 이 반응을 도와주는 촉매를 균일계 촉매라 합니다. 모든 물질이 용액 속에 녹아 있어 그 상(狀)이 균일하다고 그렇게 부르는 것이지요. 균일계 촉매가 하는 모습을 살펴보면, 도와준다고 하기보다는 오히려 반응물들보다도 더 적극적으로 반응에 참여하고 있음을 확인할 수 있습니다. 가령, A 분자와 B 분자가 반응한다고 할 때, 이 촉매 분자는 자신의 공간의 한 자리에서 먼저 A와 반응하고 다음엔 다른 자리에서 B와도 반응합니다. 이렇게 A와 B는 촉매와 결합한 덕분에 원래 상태보다 훨씬 활성이 커지게 되어 서로 만나 생성물을 만들기가 쉬워집니다. 외부에서 온도나 압력을 높여주지 않아도 반응이 쉽게 진행된다는 뜻입니다.

촉매는 자신의 몸속에서 서로 만난 A와 B가 생성물을 만들고 나서 자기를 떠나고 나면 또 다른 A와 B 분자들을 받아들여 반응을 도와줍니다. 이런 사이클은 효율이 좋은 촉매의 경우 백 번 가량 계속됩니다. 그러니까 반응물은 다른 반응물과 만나 생성물을 만들고 촉매를 떠나는 단 한 번으로 자기 일이 끝나는 반면, 촉매는 같은 일을 백 번 정도 계속한다는 것이지요. 그런데 이렇게 여러 번 반응을 진행하는 동안에 촉매는 훼손되거나 변형되기도 하면서 그 수명을 다하게 됩니다. 또 그렇게 되지 않더라도 촉매를 회수하는 일은 '결정 만들기'에서 설명했듯이 매우 어렵습니다.

한편, 불균일계 촉매는 용액에 녹지 않아 촉매의 표면만이 반응에 참여합니다. 이 경우에는 외부에서 수백 도, 수백 기압 등의 격렬한 반응 조건을 맞추기 위한 노력을 해주어야 합니다. 그러나 반응 후에는 고체인 촉매를 걸러내기만 하면 되기 때문에 촉매는 훼손되지 않은 채로 회수할 수 있습니다. 합성할 화합물에 따라 다르게 사용해야 하므로 어느 촉매가 더 좋다 나쁘다고 말할 수는 없지만 그들이 주위에 미치는 영향은 매우 다릅니다.

온몸을 던지는 균일촉매 반응의 경우에는 외부에서 도움을 덜 받아도 되지만 일을 끝낸 후에는 훼손되어 있는 경우가 많은 반면, 표면으로 촉매 역할을 하는 경우에는 외부에서 큰 에너지의 도움을 받고 촉매를 온전하게 회수할 수 있으니 어쩐지 균일촉매가 더 많은 희생을 하는 듯합니다.

여기서는 균일 촉매가 어떤 특성을 가진 물질이며 어떻게 그러한 일을 하는지에 대해 더 자세히 이야기하려 합니다.

자신의 훼손을 감수하고 생성물을 만들어내는 균일촉매

균일촉매로는 대개 유기금속(有機金屬) 화합물이 많이 사용되는데, 이것은 전이 금속 원자에 유기물질이 결합한 화합물을 말합니다. 이 촉매에서는 금속의 역할이 매우 중요합니다. 금속은 자신의 공간에서 반응물들과 하나하나 결합함으로써 그들에게 자리를 내어줄 뿐 아니라, 그 결합한 반응물들의 극성(極性)을 증가시켜 그들끼리 반응할 수 있도록 활성을 높여줍니다. 인간 세계로 말하자면, 맞선을 주선하는 중매쟁이라 할 수 있습니다. 그들은 양쪽을 오가며 상대방이 얼마나 좋은 조건의 사람들인지를 말함으로써 호기심을 불러일으켜 만남을 성사시키는 역할을 하지요.

그런데 만일 그 주선자가 맞선의 주인공보다 더 빛나 보이면 결과가 어떨까요? 그런 자리에서 주선자는 조금 부족해 보여야 합니다. 그래야 그 주인공들이 서로에게 집중할 수 있을 테니까요. 그 부족함이 바로 주

$$C_3H_6 (\text{프로필렌}) + H_2 (\text{수소}) \xrightarrow{\text{촉매}} C_3H_8 (\text{프로판})$$

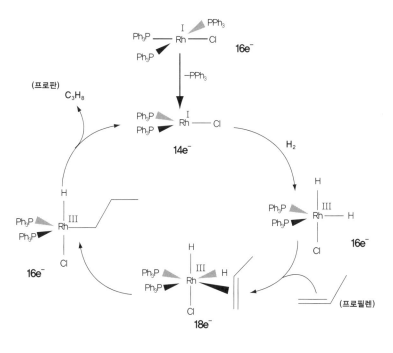

촉매 사이클

선자의 자격 조건입니다.

 유기금속 화합물은 금속 주위의 전자 수가 18개를 이루어야 안정한데 때로는 16개의 전자만 가지고도 비교적 안정한 화합물들이 있습니다. 이 부족한 전자수의 화합물들이 촉매로 사용되는 것입니다. 촉매 사이클 그림에서 가장 위에 있는 16개의 전자를 가지고 있는 물질, 클로로트리스(트라이페닐포스핀)로듐[RhCl(PPh_3)_3]이 촉매입니다. 일반적으로, 결합하는 물질 1개는 금속에 전자 2개를 주기 때문에 전자를 16개 가졌다는 것은 금속이 가질 수 있는 자리 하나가 비어 있다는 의미이기도 합니다.

그런데 두 물질이 금속의 공간에 와서 반응하려면 두 자리가 필요하니, 원래 비어 있는 한 자리 외에 또 한 자리가 필요합니다. 그렇게 하려면 그 촉매는 자기에게 붙어 있던 하나의 물질(PPh_3)을 더 떼어내어 14개의 전자 상태($14e^-$)인 $[RhCl(PPh_3)_2]$가 되어야 합니다.

다시 말하면, 촉매는 원래 전자수가 부족할 뿐 아니라 자신의 일부분을 또다시 잃음으로써 촉매반응을 시작하게 됩니다. 그렇게 14개의 전자 상태가 된 물질에 수소(H_2)와 프로필렌(C_3H_6)이 연속적으로 들어와 금속에 결합하여 전자 수는 18개가 됩니다.

게다가 수소와 프로필렌은 금속에 결합하게 되면 결정적으로 활성이 높아집니다. 이렇게 높은 활성을 갖게 된 두 물질은 자기네들끼리 만났을 때보다 생성물인 프로판(C_3H_8)을 훨씬 쉽게 생성할 수 있습니다. 수백 도, 수백 기압의 조건에서야 일어날 수 있는 반응이 촉매의 활약 덕분에 거의 실온에 가까운 낮은 온도와 대기압 정도의 낮은 기압에서 일어날 수 있는 것이지요. 금속이 온몸을 던져서 반응에 참여한 결과입니다. 그 일이 끝나면 촉매는 두 물질이 결합하여 빠져나갔으니 다시 14개가 되어 조용히 또 다른 만남을 주선하며 촉매 사이클을 이룹니다.

이렇듯 촉매는 자신도 모자라지만 기꺼이 하나를 더 내어놓으면서 다른 물질의 화합을 도와줍니다. 그러나 생성물의 성분에 자신의 자취를 남기지 않습니다. 이렇게 촉매는 자기가 왔다 간 흔적을 못 남겼으니 허무한 일생을 보낸 것일까요?

그런데 여기서 또 한 가지 눈여겨볼 것은 그렇게 자신도 부족하면서 기꺼이 자리를 내어주었기에, 앞서 보인 바와 같이 수소와 프로필렌이 연속적으로 들어와서 18개의 전자를 채워준다는 점입니다. 그후에 그들이 반응하여 프로판을 만들어 나가고 나면 다시 14개가 되고 또다시 수소와 프로필렌이 들어옵니다. 이와 같이 내어주면 채워지고 또 내어주면 다시 채워지는 일이 반복되니 어찌 허무한 일생을 보냈다고 하겠는지요? 마치 많이 베푸는 이의 주위에는 사람들이 많이 모이고 그 곳간은 복을 받아 화수분처럼 다시 채워진다고 말을 하는 듯합니다.

또한 촉매를 연구하는 화학자들이 산업적으로 중요한 특정 반응에 대한 촉매를 개발하는 일에 얼마나 많은 시간과 열정을 쏟는지 안다면 그런 말은 할 수 없을 것입니다. 연구자들은 그 반응에 가장 적합한 구조를 가진 촉매를 찾기 위하여 몇 번이고 조건을 변화시켜가면서, 또 실패를 거듭하면서까지 합성을 시도할 만큼 촉매는 그 반응에 없어서는 안 될 중요한 존재입니다. 촉매는 자신의 생성물을 만듦으로써 그 중요성을 인정받는 존재가 아니라 그 반응의 장소에 있었다는 것만으로도 중요한, 계획된 존재입니다.

☸ ☸ ☸

인류 구원사업에 촉매 역할을 한 요셉 성인의 삶[*]

나이 50에 접어들어 성경에 관심을 갖게 되고 보니 성탄 때 예수

| * 황영애, 앞의 칼럼, 2011.3, p.50 참조.

님의 탄생에 관련해서 읽는 몇 개의 성경구절이 제 마음의 문턱에서 걸려 넘어지곤 했습니다.

첫 번째 구절은 "요셉은 약혼 기간 중에 마리아의 잉태 사실을 알았지만, 그는 의로운 사람이었고, 이 일을 세상에 드러내고 싶지 않아 남모르게 파혼하기로 한다. 그러나 꿈에 주님의 천사가 나타나 그 몸에 잉태된 아기는 성령으로 말미암은 것이라는 말을 듣고 아내로 맞아들인다."^(마태 1. 18-20 참조)라는 구절입니다.

아무리 그가 의로웠다 해도 어찌 그 사실을 덮을 생각을 했을까요? 배우자가 나 이외의 다른 사람을 생각하는 것만으로도 고통스러운 법인데, 하물며 확연히 다른 사람의 아기를 태중에 가지고 있다는데도 덮어두다니요? 그리고 어떻게 꿈속에 나타난 천사의 말만 믿고 마음을 바꾸어 결혼할 수 있었을까요? 저 같은 범인은 그 사실을 믿기도 어려웠고, 교회가 3월을 요셉 성월(聖月)로 정해서 그분을 기리는 것은 단순히 예수님의 양부이기 때문인가 했습니다.

그 다음으로, "야곱은 마리아의 남편 요셉을 낳았고, 마리아에게서 예수가 나셨는데 이분을 그리스도라 부른다."^(마태 1. 16)는 말씀은 또 어떻습니까? 요셉의 존재가 오직 예수님의 어머니인 마리아와의 결혼에 근거를 두고 있다는 의미이지요. 요즈음처럼 여성의 지위가 많이 상승했어도 남자들은 '누구의 남편'으로 불리는 것을 꺼려하는데 성 요셉은 '마리아의 남편'으로서만 인정받습니다.

그런데 제가 가장 받아들이기 어려웠던 점은 결혼을 했으면서도 가정 안에서 마리아의 아들을 키우며 자신의 후손을 하나도 남기지 못했다는 것입니다.

남자들이 자기 핏줄에 대한 집착이 얼마나 강합니까? 더구나 당시의 이스라엘은 철저한 부계사회였으니 요셉 성인으로서는 어찌 보면 무의미한 삶을 어떻게 견디셨을까 싶었습니다. 게다가 그는 세속적으로 자기가 하고 싶은 것을 아무 것도 못하면서도 오직 사랑을 나누어주기만 하며 성가정을 이루었습니다.

요셉(Joseph)이라는 이름은 히브리어로 yōsēp(더하다)에서 유래하는데, 이 말은 '하느님께서 후손을 더하시기를'이라는 뜻이라 합니다. 하느님께서는 다윗의 후손인 요셉에게 인류의 구세주를 보살피도록 맡겨주셨으니 그분의 삶 자체가 예수님의 탄생을 위하여 더해진 인생으로 보입니다. 저의 신앙이 조금이나마 자라게 되기까지는 요셉 성인의 삶은 그저 애달픈 일생이었다는 생각만 들었습니다.

대가를 바라는 도움은 상처만 남긴다

5년 전쯤의 일입니다. 예비자 교리반의 한 봉사자로부터 제가 꼭 대모가 되어줬으면 하는 좀 특별한 사람이 있다는 연락을 받았습니다. 예비자들을 위해 때로는 봉사자들이 대모를 구해주느라고 애쓰는 것을 알기에, 비록 봉사는 못하지만 대모라도 되어줘야겠다는 생각을 하고 있었지요.

그렇게 세례식 날 30대 후반의 그 대녀를 처음 만났습니다. 서로를 소개하는 가운데 그녀의 슬픈 과거사를 듣게 되었습니다. 그녀는 세 살 때 부모의 이혼으로 엄마와 헤어진 후 서로 만나지도 못한 채 아버지하고만 살았습니다. 그러다가 아버지와도 갈등을 겪어 고3 때 집을 나왔다고 했습니다. 그후에 학비는 아버지의 도움을 받았으나, 나머지 월세나 식비, 용돈은 모두 혼자 조달해야 했으니 고생이 얼마나 심했을지는 보지 않아도 알 수 있는 일이었지요. 그녀가 대학생이 되었을 때 아버지는 재혼을 하였고, 그래도 엄마의 손길을 느껴보고 싶어 집에 들어가려 했으나 새엄마는 그녀를 집에 들이지 않았습니다.

그렇게 가족으로부터 거부당한 상처로 인해 그녀는 세상의 어느 누구도 믿을 수가 없게 되었고 심한 대인공포증에 시달리게 되었습니다. 공동체 생활에 적응하지 못해 회사에 들어갔다가도 한 달을 못 넘기고 나와야 했습니다. 살아갈 이유를 찾지 못했던 그녀는 두 번의 자살기도를 했다고 합니다. 그때부터 아버지를 가물에 콩 나듯이 만날 수 있게 되었습니다. 그리고 어느 복지관에서 무료 상담을 받게 되면서 만난 수녀님에게서 천주교 입교를 권유받았습니다.

부모의 사랑에 목말라 있는 그녀를 보면서 많은 위로가 필요하겠다고 생각했는데 다행히 저를 처음부터 따랐습니다. 아버지를 미워하면서도 몹시도 만나고 싶어 하는 그녀에게 식사대접을 해드리라고 권하는 등 마음을 나누었지요. 고전음악을 좋아하는 그녀를 콘서트에 데려가고, 시간 나는 대로 미술 전시회도 데리고 다녔습니다. 운전면허 학원 등록금도 대주며 저를 태우고 다닐 준비까지 시켰지요.

그녀는 일본어 번역을 하며 살아왔는데, 그래도 따로 방이 있는 작은 아파트를 전세로 살 만큼의 경제력은 있었습니다. 그런데 날이 갈수록 점점 이상한 느낌이 들었습니다. 어쩌다보니 그녀와 만날 때마다 모든 비용을 제가 거의 다 부담하고 있는 것이었습니다. 먹거나 마시러 갈 때마다 "잘 먹겠습니다."는 말을 먼저 함으로써 제가 당연히 사줄 것으로 안다는 표현을 했습니다. 저는 "이번만큼은 네가 내야지."란 말을 못해서 끙끙 앓았지요. 언젠가 친구들과 뮤지컬 공연을 함께 보기로 했었는데, 어쩌다 한 친구가 못 나오게 되어 마침 근처에 사는 대녀를 불렀습니다. 휴식시간에 친구와 잠깐 다른 곳을 다녀오는 사이에 혼자 아이스크림을 사먹고 있는 그녀를 보게 되었습니다. 순간 친구 앞에서 마치 제 딸이 잘못하기라도 한 듯 얼굴이 화끈 달아올랐습니다.

그렇게 지내다가 어버이날이 되었습니다. 그날 대녀는 자기 아버지를 저녁 때 만나기로 했으니 절더러 오후 4시에 만나자고 했습니다. 그 말에, '아하! 내게도 선물을 주려나 보다.' 하고 생각했지요. 아버지를 위해 샌드위치를 준비했다고 들었기 때문입니다. 그런데 3시쯤 전화해서는 아버지에게 바쁜 일이 생겨서 못 만나게 되었으니 저도 못 만난다는 것이었습니다. 순간 저는 '그럼 나를 왜 만나자고 했지?' 하는 섭섭한 마음이 들었습니다. 나중에 알고보니 그날도 제가 사주는 저녁을 먹고 아버지에게 선물 드리러 갈 예정이었던 겁니다. '그럼 1년간 나는 이 아이에게 뭐였나?' 싶었습니다. 그후에 다시 아버지를 만나 선물 드린 얘기를 들어야 했지요. 그달 말, 자기 생일이라며 제게 축하해달라는 연락을 받았을 때는 제 인내력의 한계를 넘어 그녀에게 서운함을 토로하고야 말았습니다.

그녀와 만나기 시작할 때는 모든 것을 다 내어줄 것 같았는데, 기껏 거기까지였습니다. 대녀는 오히려 저의 돌변한 태도에 놀랐고, 결국엔 서로 만나지 않게 되었지요. 그러다 저의 책 『화학에서 인생을 배우다』를 쓰면서 자신의 생성물을 얻지 못하면서도 생명이 다할 때까지 끊임없이 반응을 도와주기만 하는 촉매에 관해 묵상하게 되었을 때, 문득 대녀와의 일이 생각나면서 부끄러워졌습니다. '이러한 작은 물질도 하는 일을 나는 못했구나.' 하는 생각에……. 누군가를 도와주고는 곧 잊어야 할 텐데 그로부터 대가를 바라고, 당연시하는 상대방에게 최소한 고맙다는 인사라도 끌어내려 했기 때문에 상처를 받았음을 깨달았습니다.

늦었지만 그녀에게 전화를 해보았습니다. 그녀의 마음이 안 풀려서인지 혹은 전화번호가 바뀌어서인지는 모르겠지만 받지 않았습니다. 그래서 그녀와의 일은 아직도 아픈 기억으로 남아 있습니다.

그리고 이 촉매의 묵상으로부터 작은 깨달음을 얻고 나서야 요셉 성인의 삶을 애달프지 않게 바라보게 되었습니다. 요셉 성인은 성 마리아를 통해서 메시아의 운명에 합치시키기 위해 하느님께 선택되었고, 아기 예수와 그 어머니를 하느님이 바라시는 곳으로 인도하는 책임을 위탁받은 분으로 보게 된 것입니다. 이를 위해 굳은 신앙으로 모든 인간적인 욕구를 희생하여 당신의 혈육은 남기지 못한 채 오직 하느님께 모든 것을 신뢰하고 봉헌하셨으니 예수님의 구원사업에 촉매 역할을 하신 셈이지요.

요셉 성인은, 반응에서 촉매가 그랬듯, 성가정에서 꼭 그 자리에 있도록 하느님께서 영원으로부터 준비하시고, 계획하신 존재였습니다. 성인은 제게, 그리고 오늘날 높은 자리에 앉기만 하면 자신의 흔적을 남기려고 허황된 일을 꾸미곤 하는 사람들에게 남을 도와 촉매역할을 할 때 얼마나 더 큰 일을 이루어낼 수 있는지 말씀하시는 것 같습니다.

또한 그분은 뒤안길의 삶이 무엇인지, 사람에게 진정 아쉬운 것이 무엇인지 아십니다. 그래서 성인은 성가정의 주인, 불쌍한 이의 위안, 인내의 거울, 교회의 보호자 등의 호칭으로 불리게 되었습니다. 아들만 둘 있는 저는 우리 집안 남자들이 성인을 본받았으면 하는 마음에서 수년 동안 매일 요셉 성인 호칭기도를 바쳐오고 있습니다.

성(聖) 요셉 –마리아의 노래

최성아 소화데레사

남들 눈에는
주름진 얼굴에 거친 손을 지닌
초라한 가장(家長)이지만
제게 당신은
눈꽃 같은 사람입니다.

막막한 순간마다
스스로 송이눈 되어
의혹이 깔린 돌길을 덮고
불안이 깊은 구렁을 메워
마침내
눈꽃 함박 핀 길이 된 사람

남들 눈에는

주름진 얼굴에 거친 손을 지닌

초라한 가장(家長)이지만

제게 당신은

별빛 같은 사람입니다.

우리 모자(母子)의 삶이

평생 져 나른 목재보다 무거웠지만

저 하늘의 별처럼

묵묵한 동행으로 한밤 내 깜박인 사람

그리하여 이 밤 당신은

어느 뒤안길에서

쓸쓸히 헤매는 이들의 마음에

눈꽃으로 피어나

좌절의 상처를 덮고

별빛으로 돋아나

절망의 어둠을 비춥니다.

가난한 이의 수호자여!

가정(家庭)의 수호자여!

언제까지나 충실하게

이들을 보호하소서!

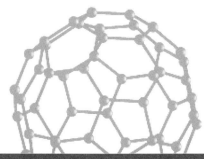
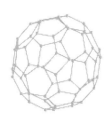

"다윗의 자손 요셉아, 두려워하지 말고 마리아를 아내로 맞아들여라.
그 몸에 잉태된 아기는 성령으로 말미암은 것이다.
마리아가 아들을 낳으리니 그 이름을 예수라고 하여라.
그분께서 당신 백성을 죄에서 구원하실 것이다."

(마태 1, 20-21)

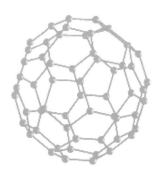

금속의 녹*

붉은 녹과 검은 녹의 쓸모있는 탈바꿈

몇 년 전 바람이 몹시 불고 비까지 추적추적 내리던 늦가을의 어느 날, 지금은 며느리가 된 둘째아들의 여자친구가, 마음이 가라앉아 있던 저에게 바람을 쏘여준다며 헤이리 예술인 마을로 데려갔습니다. 그곳은 자연이 살아 숨 쉬는 생태마을로 조성되어 산이나 늪, 개천 등이 원형대로 보존되어 있다고 알려진 곳이었습니다. 뿐만 아니라 독특한 디자인의 건축물로도 유명한 곳이었습니다. 저는 그 중에서 붉은 녹이 슨 철판을 재료로 사용하여 지은 건물에 유달리 눈길이 갔습니다. 녹물이 아래로 흘러내려 얼룩진 건물 벽의 모습이 자동차 창문을 타고 흘러내리는

| * 황영애, 앞의 칼럼, 2011.2, p.54 참조.

비와 묘하게 어우러져 저의 한 자락 슬픈 감성을 건드렸나 봅니다.

대개 녹이라고 하면 쇠가 부식해서 아무 쓸모가 없게 된 것으로만 생각하는데, 이 녹을 재료로 사용하여 건물을 지었다니 잘 상상이 안 가지요? 녹을 화학적으로 설명하자면 금속 원자가 수분의 도움으로 이온화가 된 후 산소와 반응하여 생기는 현상입니다. 철이 산화하여 생기는 녹에는 삼산화이철인 붉은 녹(Fe_2O_3)과 사산화삼철인 검은 녹(Fe_3O_4)이 있습니다.

일반적으로 우리가 부르는 녹이란 철의 붉은 녹을 의미하는데, 이 녹은 한 번 슬면 딱지가 떨어지듯 계속 떨어져나가며 그 자리에 계속해서 녹이 슬어 결국에는 철의 역할을 못할 정도로 부서져버리고 맙니다. 그러나 검은 녹의 경우에는 잘 떨어져나가지 않고, 순수한 철보다도 자성(磁性)이 더 강하고 단단하며, 물에 녹지 않아 병장기(兵仗器)의 부식을 막기 위해서 피막용으로 사용될 만큼 유용성이 큽니다.

이들은 각각 그 생성과정이 다릅니다. 붉은 녹은 철이 공기 중에 노출되어 자연적으로 생겨나고, 사산화삼철 또는 마그네타이트(magnetite)라고도 불리는 검은 녹은 1000℃ 정도의 고열에 표면처리를 함으로써 생성됩니다. 외부의 충격이나 급격한 변화 없이 생겨난 붉은 녹은 시간이 지남에 따라 부서져 없어지는 반면, 고열처리를 견딘 검은 녹은 도리어 철을 보호하는 피막이 된다니 쓰라린 인생 역정의 의미를 생각해보게 됩니다. 어둡고 긴 고통의 터널을 경험한 많은 사람들은 한결같이 말합니다. "고통이 없었다면 지금의 나는 될 수 없었다."고.

한편 붉은 녹이라고 해서 다 쓸모없지는 않습니다. 최근에는 도심에서도 붉게 녹슨 철판 건물들을 심심치 않게 볼 수 있을 뿐 아니라 이 자재를 사용하여 예술작품도 만듭니다. 이 녹슨 철판을 '내후성강(耐候性鋼)'이라 부르는데, 이는 철판 표면에 소량의 구리(Cu)·인(P)·크로뮴(Cr)을 첨가하여 화학적인 처리를 한 것입니다. 이 첨가물들은 녹 층의 안쪽에 밀착성이 높은 녹을 형성하면서 보호피막 역할을 하기 때문에, 처음에는 붉은색의 녹이 슬지만 이들의 도움으로 부식이 그치면서 철판은 더 강하고 매력적인 건축 재료로 탈바꿈합니다. 붉은 녹이 시간이 지남에 따라 그 색깔이 점점 진해져서 초콜릿 색을 띠게 된, 헤이리의 예술작품 같은 건물들은 바로 이 내후성강을 이용하여 지은 건물이었습니다.

구리의 녹청과 아연·알루미늄의 백청의 유용성

때로는 동배관(銅配管), 놋그릇 또는 스테인리스 수도관에서 푸른 녹을 발견하게 되는데, 이는 철이 녹슨 것이 아니라 그들 금속에 존재하는 구리 성분이 녹이 슨 경우입니다. 구리는 공기 중의 수분과 탄산가스와 반응하여 녹청(綠靑)이라 부르는 염기성 탄산구리[copper carbonate hydroxide, $CuCO_3 \cdot Cu(OH)_2$]를 만듭니다. 녹청은 청록색의 분말로 유독해서 인체에 매우 해롭습니다. 참고로 푸른 녹은 물과 알코올에는 녹지 않는데, 묽은 식초를 묻힌 헝겊으로 닦아주면 녹아서 없어집니다.

그런데 철의 녹과 마찬가지로, 구리의 녹도 유해하다고 해서 무조건 쓸모가 없는 것이 아닙니다. 녹청의 분말은 아주 미세하기 때문에 조직이 치밀하여 내부를 보호합니다. 그러므로 오래된 청동기에서 볼 수 있는 것과 같이 고르게 녹청이 낀 구리는 그 이상 부식되지 않는다는 장점도 있습니다. 또한 구리에 아세트산을 가하여 높은 온도에서 반응시켜서 얻은 염기성 아세트산구리[copper acetate hydroxide, $Cu(C_2H_3O_2)_2 \cdot 2Cu(OH)_2$]도 녹청이라 하는데 이들은 모두 청색 또는 녹색 안료로 사용됩니다.

녹이란 앞에서 언급한 바와 같이 공기 중의 수분과 반응하여 이온이 된 후 산소와 반응하여 생긴다고 하였습니다. 그런데 아연이나 알루미늄은 철보다 이온화가 더 잘되기 때문에 그들의 녹도 쉽게 생성됩니다. 아연의 녹 $ZnO \cdot Zn(OH)_2$은 백색 분말로서 백청(白淸)이라 부릅니다. 이 녹도 아연이 더 이상 녹이 슬지 않도록 보호하는 피막의 역할을 합니다. 아연도금 강판에는 아연의 높은 이온화 경향 때문에 백청이 잘 생기는데 이를 방지하기 위하여 크롬산, 황산, 초산 등의 혼합산에 실온에서 10~60초 정도 담갔다가 60℃ 이하의 저온에서 건조시키는 방법을 사용합니다.

알루미늄은 아연보다도 더 이온화 경향이 높아서 산소와 더욱 쉽게 반응하여 산화알루미늄(Al_2O_3)의 녹을 생성하지만 이 경우에도 녹이 피막을 형성하므로 더 이상 녹이 슬지 않게 되어 알루미늄 새시 등의 건축 재료로 사용됩니다.

이와 같이 세월이 지나감에 따라 생기는 녹은 금속을 부식시키기도 하지만, 한편으로는 금속을 보호하기도 하여 병기의 피막이나 안료의 재료로서 다시 쓸모 있게 됩니다. 완전히 못쓰게 될 것 같은 붉은 녹조차도 첨가물이 가해지면 훌륭한 건축 재료가 됩니다. 어쩌면 녹은 우리가 어떻게 사용하느냐에 따라 그 유용성이 정해지는지도 모르겠습니다.

녹은 우리에게, 비록 나이든 노인들일지라도 사회를 위해 할 수 있는 일이 많다는 점을 얘기해주는 것 같습니다. 그리고 내후성강이 건축물이나 예술작품의 훌륭한 재료로 사용된다는 사실은, 육체적으로는 그다지 일을 못하더라도 정신이나 영혼의 첨가물을 가진 노인이라면 이웃에 축복이 되는 삶을 영위할 수 있다는 희망의 표징을 보여주는 것 같지 않습니까?

✿ ✿ ✿

나이 들어간다는 것

얼마 전에 병상에 계신 친구의 어머니께 문안전화를 드렸더니 기대했던 친구 목소리 대신 남자 목소리가 들려 깜짝 놀라 누구에게 전화한 건지를 깜빡 잊고 말았습니다. 친구의 남편이었습니다. 그래서 "죄송합니다. 누구에게 전화 걸었는지 잊었습니다." 하고 얼른 끊었습니다.

그후 그 친구 어머니가 돌아가셔서 평촌의 병원에 가야 했는데, 지하철 5호선을 타고 가다가 동대문역사공원역에서 기둥에 걸린 노선표를 열심히 보며 오이도행을 탄다는 것이 그만 반대 방향의 당고개행을 타고 말았습니다. 잘못을 빨리 알아차렸으면 좋았으련만, 그날따라 묵주기도 할 때 어찌나 몰입했는지 그만 창동역에 갈 때까지 몰랐습니다. 그곳에서 다시 거꾸로 오느라 평소 별로 탈 일이 없었던 4호선 거의 전 구간을 원 없이 타본 셈이 되었습니다. 늦어질 거라고 전화를 하려고 보니 휴대전화를 충전기에 꽂아놓은 채 안 가져왔더군요. 게다가 영안실 복도에서 만난 어떤 남자분이 제게 하도 정중하게 인사하기에, "혹시 저를 아십니까?" 했더니, 그분이 바로 친구의 남편이었습니다. 치매 때문인지 안면인식 장애 때문인지 저도 제 증상을 모르겠습니다.

예기치 못하게 길어진 전철 여행 덕분에 그날 오후에 잡았던 저의 병원 예약은 전화번호를 몰라 연락도 못하고 취소가 되었습니다. 친구는 저의 실수 연발이 어머니 돌아가신 슬픔을 싹 가시게 웃겨줬다고 했지만, 솔직히 저는 걱정이 되어 치매 검사를 받기로 했습니다. 누군가는 제게 그럴지도 모릅니다. "나이 때문이 아니야! 넌 젊어서도 그랬어."라고.

젊은 시절에는 저도 마찬가지였지만, 흔히들 자신이 결국 늙어갈 것이라는 생각을 못하기에 노년을 위한 준비는 별로 하지 않는 것 같습니다. 그런데 사람들은 노년을 그저 세월이 지나면 저절로 따라오는 시기라고 여겨서, 그 의미를 별로 생각하려 하지 않습니다. 그저 떠나가는 젊음을 놓지 않으려고 온갖 방법을 찾아 헤맵니다.

심리학자 융(Carl Gustav Jung)에 따르면, 노년에는 육체와 정신의 힘이 약해진다는 사실을 받아들이고 자신의 내면에 초점을 두어야 하는데 인생의 후반부도 전반부에서와 같은 원칙에 따라 진행되어야 한다는 망상에 빠져 그렇게 된다는 것입니다. 작가 헤르만 헤세는 늙는다는 것이 쇠퇴만을 의미하지는 않으며 노년 특유의 가치와 지혜가 있다고 하였습니다.

그런데 오늘날 대중 매체에서는 노령인구의 증가를 우리 사회가 짊어져야 할 부담으로만 여길 뿐 나이 듦의 긍정적인 의미는 별로 찾으려 하지 않는 것 같습니다. 과연 '나이 듦'의 긍정적인 의미는 없는 것일까요? 그리고 자신과 주위에 축복을 주는 노년을 보내려면 어떻게 해야 할까요?

주위에 축복을 베푸는 노년의 미학

루카복음^(루카 2, 25-39)에 시메온과 한나에 대한 말씀이 나옵니다.* 이들 인물에게서 노년의 의미가 빛을 발하고 있습니다. 그들은 거룩함과 특별히 가까웠고, 인간 안에서 일어나는 하느님의 역사를 알아차리는 능력이 있었습니다. 그들은 예수 그리스도의 신비를 깨달으며 구원에 대해서도 가르쳐줍니다.

이들은, 예수님의 부모님이 "태를 열고 나온 사내아이는 모두 주님께 봉헌해야 한다."^(루카 2, 23)는 율법에 따라 예수님을 예루살렘에 데리고 갔을 때 성전에서 만난 사람들입니다. 이스라엘이 위로받을 때를 기다리던 시메온은 자신을 온전히 하느님과 연결시키며 살았기에 아기 예수님을 품에 안았을 때 예수님이 그가 기다리던 이스라엘의 구원자임을 알아볼 수 있었습니다.

한편, 한나는 "성전을 떠나는 일 없이 단식하고 기도하며 밤낮으로 하느님을 섬겼던" 여든네 살의 과부로, 하느님께 감사드리며 예루살렘의 속량을 기다리는 사람들에게 그 아기에 대해 이야기하였습니다. 한나는 일곱 해를 남편과 살았습니다. 그후 홀로 지내면서 하느님께 마음을 열고 기도했습니다. 그녀는 자신만이 아니라 공동체 전체를 대신하여, 특히 기도할 시간이 없는 사람들을 위해서 밤새도록 기도하였습니다.

이렇게 두 노인이, 아기 예수를 보고서 구원의 신비를 깨닫고 복음을 맨 처음 선포하는 사람이 될 수 있었던 것은, 오랜 세월 자신들의 전 존

---

* 안젤름 그륀, 윤선아 옮김, 『황혼의 미학』, 분도출판사, 2010 참조.

재를 하느님과 연결하여 1000℃의 고열과도 같은 신산스러운 역경들을 견뎌냈기 때문일 것입니다. 오로지 하느님만을 바라보며 견뎌냈기에 이스라엘이 받을 위로를 아기 예수에게서 볼 수 있는 혜안을 지니게 된 것입니다.

복음서의 이 노인들의 기도와 단식, 독실한 신앙생활이 인생의 온갖 체험들을 '하늘나라의 지혜'로 바꾸는 영적 첨가물 역할을 한 것은 아니었을까요? 이들은 사람들에게 구원과 빛으로 난 길을 보여줍니다. 시메온이 예수님의 부모와 아기 예수님을 축복하는 것을 보면, 다른 사람들에게 축복이 되는 일에 노년의 의미가 있음을 알 수 있습니다.

무용지물의 붉은 녹에 내후성강이라는 좋은 건축 재료가 되는 첨가물이 있었듯, 인간의 노쇠현상에도 축복을 베푸는 노년으로 만들어줄 첨가물이 있겠지요?

첫 번째로 생각되는 첨가물은 늙어간다는 사실을 있는 그대로 받아들이는 일입니다. "우리의 외적 인간은 쇠퇴해가더라도 우리의 내적 인간은 나날이 새로워집니다."(2코린 4, 16)라는 바오로 사도의 말처럼 늙고 병든 삶 가운데에서도 우리 안에 새로운 삶이 자라고 있으니 늙는다는 것을 슬퍼만 할 일이 아닙니다.

다음은 과거와 화해하는 일입니다. 과거를 되돌릴 수 없다는 사실을 인정해야 합니다. 그렇다고 마음속에서 올라오는 분노를 무턱대고 억누르라는 말은 아닙니다. 과거에 많이 아팠지만, 그 아픈 과거가 자신을 너무 휘둘러 망치게까지 해서는 안 되겠지요. 자신을 휘두르는 것은 남이 아니라 자기가 허락할 때라야 가능한 것이니 스스로 그렇게 하지 않도록 결단을 내릴 수 있어야겠습니다.

그 다음은 참으로 어려운 일이지만 고독에 잘 대처하는 것입니다. 혼자 있는 걸 잘 견디는 방법 중 하나는, 내게 세상 사람들이 관심을 가져주기를 기대하기보다는 그들에게 나의 관심을 기울이는 봉사활동입니다. 아니면 취미생활이나 창조적 예술활동을 할 때 우리는 다시금 활력을 얻게 되겠지요.

또 구세대와 신세대 사이에 다리 놓는 일은 어떨까요? 젊은이들과 자신의 소중한 경험을 나누는 일입니다. 제게도 결혼한 제자들이 있어 자기들의 결혼생활에서 겪는 어려움을 의논해오곤 합니다. 제가 겪었던 어려운 문제들, 그리고 아쉬움으로 남았던 점들을 이야기해주면 그들은 시간 가는 줄 모르고 경청합니다.

마지막으로, 신앙을 가지는 일입니다. 자아를 버린 노인은 존재의 근원에 순응하고 감사할 줄 알아, 하느님과 하나가 될 수 있습니다. 신앙은 노년의 보잘것없고 기댈 곳 없는 상황에서 기둥이 되어주고, 늙어 부서지기 쉬운 것에 영성의 피막을 입혀 단단함을 선사합니다. 그런 까닭에 신앙을 가진 사람은 오히려 세상 유혹과 풍파에 더 강해지고 아름다워지는 노년을 보낼 수 있다고 생각됩니다.

내면의 가치를 추구하며 내어주는 삶

그와 같은 아름다운 노년의 시기를 보내고 있는 사람이 있습니다. 바로 김청자 교수입니다. 우리 본당의 특강과 평창의 필립보 생태마을에서 열렸던 '김청자의 아프리카 사랑' 후원회원을 위한 피정에서 그녀를 만날 수 있었습니다.

그녀가 본당에서 강의를 하는 두 시간 내내 청중들은 놀라움과 감동에 젖어 숨까지 죽여가며 그녀의 얘기를 들었습니다. 메조소프라노 성악가이자 한국예술종합대학교 교수로서 외적으로 화려한 성공을 거두었던 김 교수는 자신이 어떻게 내면의 가치를 추구하며 남에게 내어주는 삶을 살게 되었는지 생생히 들려주었습니다.

그녀는 결혼생활에서의 고통을 계기로 새로이 하느님을 만나게 되었습니다. 명예나 재물 등 외적인 것을 중요시하고 자신만을 생각했던 삶의 자세를 진정으로 회개하고 신앙에 눈을 뜨게 된 것입니다. 그후 안식년을 맞아 아프리카를 여행하면서 만난 굶주리고 질병에 시달리는 어린이들을 잊을 수 없어서 노후를 그곳에서 보내야겠다고 마음 먹었습니다. 그때부터 아프리카를 방문하면서 우물을 파고 병원을 짓는 모금활동에 참여했습니다. 그리고 은퇴 후에는 아예 말라위로 삶의 터전을 옮기고 모든 재산을 처분하여 1만여 명의 고아들을 돕는 루수빌로 공동체에 참여하였습니다. 더 나아가 후원회를 결성하여 꿈도 희망도 없이 술과 마약, 섹스에 휘말리는 청소년들을 위해 유스센터를 건립하고, 예체능에 탁월한 재능을 보이는 젊은 인재를 발굴하여 그들을 교육하는 일도 지원하고 있습니다. 그는 "이제야 진정 자유로운 두 번째 인생이 열리는 느낌"이라고 했습니다.

또 피정 미사의 영성체 후 묵상 때, 김 교수의 특송이 우리의 마음 뿌리를 뒤흔들며 얼마나 깊은 감동을 주었는지 거의 모든 사람의 눈가에 이슬이 맺혔습니다. 저녁식사 후에, 무수한 별들이 쏟아져내리는 평창의 밤하늘을 배경으로 모닥불 가에 모여 앉아 고구마를 구워 먹고 함께 성가도 부르면서 우리 모두 하나가 되는 것을 느꼈습니다.

그날 밤 마지막으로, 70을 바라보는 김 교수가 여자의 몸으로 40℃를 웃도는 더위와 온갖 불편함을 이겨내며 이 일을 하는 이유에 대해 얘기했습니다. 바로 어린 시절부터 넘치도록 받았던 하느님과 이웃의 사랑에 대한 '감사' 때문이었다고 했습니다. 그 감사의 마음이 그 자리에 있었던 모든 이들 마음속으로 물들어갔음은 서로를 바라보는 눈빛만으로도 알 수 있었습니다.

지혜는 세월의 녹이 슬어야 얻을 수 있는 보배이기에 노년은 인생의 완성으로 가는 시기이며 하느님이 인간에게 베푸신 또 다른 선물입니다. 이제 노년에도 활기차고 희망찬 삶을 영위할 수 있습니다. 우리 사회가 내적 가치의 소중함에 눈떠 노년의 긍정적인 측면을 부각시킨다면 이들을 더 이상 무거운 짐으로 인식하지도 않게 될 것이고 축복의 삶을 사는 노령인구가 더 많아질 것입니다.

우리도 나이 들어 성경 속의 노인들이나 김 교수처럼 내적 가치를 추구하면서 하느님의 축복이 다른 사람들에게 전해지도록 기도한다면 그야말로 하느님 사랑과 이웃 사랑을 실천하는 성공적인 노년을 보낼 수 있지 않겠습니까? 그러기 위해서 저도 더 많이 사랑하고, 놓아버리는 연습을 해야겠습니다.

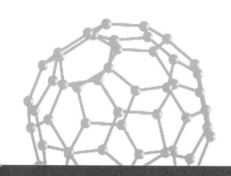

"사람에게는 예지가 곧 백발이고
티 없는 삶이 곧 원숙한 노년이다."
(지혜 4, 9)

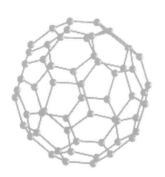

고분자의
점탄성[*]

단단한 고체가 금세 부드러운 액체로

해마다 가을이 되면 대학 캠퍼스에서는 축제가 벌어집니다. 이때
학생들은 자기 학과를 가장 멋지게 나타낼 이벤트를 준비하여 지나가는
교수나 학생들의 관심을 끌려고 합니다. 우리 화학과에서도 실험동아리
학생들이 도서관으로 가는 길목에 자리 잡고는 간단하고 재미있는 화학
실험이나 현상들을 보여주기도 하고 때로는 관객을 실험에 참여시키기
도 합니다.

한번은 학생들이 저더러 녹말가루가 가득 가라앉은 용액을 주먹으로
세게 쳐보라 해서 시키는 대로 했더니 그 용액은 금방 고체로 변하며 딱

| * 황영애, 앞의 칼럼, 2011. 4. p.56 참조.

딱하게 굳어졌습니다. 더 놀랍게도 그 딱딱한 고체를 천천히 어루만지듯 저어주니 언제 그랬느냐는 듯 흐물흐물한 액체로 변했습니다. 어찌나 신기한지 치고 만지고를 몇 번이나 되풀이해보았는데, 아무리 단단하게 굳어 있다가도 어루만지기만 하면 금세 부드러운 액체가 되었습니다.

고체와 액체가 단지 이들을 대하는 손놀림 하나로 서로 변환할 수 있다니 이건 또 무슨 원리 때문일까요?

우선 고체나 액체에 힘을 가했을 때 나타나는 특성인 탄성(彈性)이나 점성(黏性)에 대해 알아보겠습니다. 탄성은 고체에서 나타나는 성질로, 힘을 가하면 즉각적으로 변형이 일어나고, 힘이 변하지 않는 한 그 변형은 일정하게 유지됩니다. 이때 에너지가 저장되며, 가한 힘을 제거하면 그 저장된 에너지를 이용해 원래 형태대로 완전히 복원됩니다. 이렇게 힘을 가하면 변형이 일어났다가 그 힘을 제거하면 원래 형태대로 돌아오는 성질을 탄성이라 합니다.

한편, 점성은 액체에서 나타나는 성질로 힘을 가하면 일정한 속도로 변형이 일어납니다. 액체는 가한 힘이 흐르는 데 모두 사용되었으므로 에너지가 소모되어 그 힘을 제거하더라도 전혀 복원되지 않는데 이러한 액체의 성질을 점성이라고 합니다. 그런데 고분자 물질의 경우에는 또 다른 특성을 나타냅니다.

큰 분자량을 갖는 고분자 물질

그럼 고분자 물질이란 무엇일까요?

원자들이 결합하여 분자를 이룹니다. 원자들은 각각 원자량(amu)이라는 값을 가집니다. 각 원소의 원자량은 탄소의 동위원소 12C의 질량(12.0000)을 기준으로 정한 값이며 탄소의 원자량은 12.01입니다. 원자량에 소수점 이하의 숫자가 붙으니 이상하지요? 그건 각 원소마다 원자번호는 같으나 질량이 다른 동위원소가 다른 비율로 자연계에 존재하기 때문입니다. 예를 들어 탄소는 12C, 13C, 14C 세 가지의 동위원소가 있습니다. 12C는 98.9%, 13C는 1.1%, 그리고 14C는 거의 무시할 정도로 존재하므로 이들의 평균 질량이 12.01인 것입니다.

분자량은 그 분자의 구성원소인 원자들의 원자량을 합한 값이 됩니다. 소금(NaCl)의 분자량은 나트륨(Na)의 원자량 22.9898과 염소(Cl)의 원자량 35.453을 합한 58.443으로 작은 값입니다.

한편, 우리의 몸을 구성하는 데 중요한 단백질을 비롯하여, 흔히 사용하는 전자기기의 소재인 플라스틱이나 고무 등은 분자량이 10,000이 넘으며 이렇게 큰 분자량을 갖는 물질을 고분자 물질이라 합니다. 그런데 분자량이 큰 고분자 물질은 작은 물질과는 그 성질이 완전히 달라지는 것을 볼 수 있습니다.

그 중에 가장 흥미로운 것이 바로 앞에서 본 녹말 용액이 고체와 같은 탄성을 가지기도 하고 액체와 같은 점성을 가지기도 하는, 두 가지 성질을 모두 가지는 현상입니다. 이러한 고분자의 성질을 점탄성(黏彈性)이라 합니다.

그림에서 보는 바와 같이, 녹말은 고분자 물질입니다. 포도당 분자가 다른 포도당 분자와 만나면 물 한 분자가 빠져나가면서 두 포도당이 연

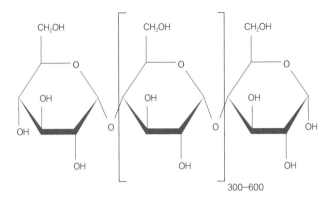

CH₂OH ... CH₂OH ... CH₂OH

300-600

녹말의 성분, 아밀로즈 분자

결되는 축합반응이 일어납니다. 여기에 또 다른 포도당 분자와 축합반응을 계속하게 되는데, 그러면 연결되는 포도당의 수가 많아집니다. 녹말은 이러한 포도당의 축합반응이 300~600번 정도로 많이 진행되면서 만들어진 거대한 고분자 물질입니다.

이 고분자 물질의 점탄성 실험은 집에서도 간단하게 해볼 수 있으니 여러분도 한번 시도해보기 바랍니다. 녹말가루와 물을 2:1 비율로 섞어서 혼합용액을 만들기만 하면 실험 준비는 끝입니다.

이 용액은 고체와 액체의 중간 성질을 띠게 되는데 어떤 성질이 더 지배적인가 하는 것은 '외부에서 가하는 기계적 운동의 시간대'가 영향을 미칩니다. 그래서 주먹으로 빠르게 내리칠 때는 녹말 용액에 미치는 힘의 시간대가 매우 짧기 때문에 고체로 변하고, 천천히 밀거나 힘을 주면 점탄성이 급격히 줄어들어 액체로 변하는 것입니다.

한국과학문화재단에서 만든 과학 홍보 동영상에는 비보이가 녹말 용액에서 쉴 새 없이 움직이며 용액의 표면에 점탄성을 만들어 춤을 추는 장면이 있는데 매우 흥미롭습니다. 이러한 용액 위로 걸어가는 것을 멀리서 동영상으로 찍으면 마치 예수님이 물 위를 걸으신 장면을 재연하는 것처럼 보이겠지요?

이와 같이 내리칠 때마다 딱딱하게 굳어지고 어루만지면 금세 부드러워지는 녹말 용액의 이 특성은, 언뜻 보기에 꼭 인간 세계에서의 '눈에는 눈, 이에는 이'로 작용하는 것 같지만, 엄연히 다릅니다. 우리들은 상처를 여러 번 받게 되면 마음이 굳을 대로 굳어져 상처 준 사람이 용서를 청해도 받아들이기 어려워합니다. 반면 녹말 용액은 수없이 내리치던 손이었지만 어루만지기만 하면 두말없이 부드럽게 받아줍니다.

굳어졌던 이 용액의 서슴없는 수용성(受容性)도 놀라웠지만, 또 한 가지 제 마음 깊이 각인되었던 것은 딱딱한 고체가 다시 흐물흐물한 액체가 되려면 단순히 어루만지기만 하면 되었다는 점입니다. 딱딱해서 완고해 보이는 겉모습과는 달리 언제든 다시 받아줄 테니 어떤 배신행위나 이별에도 용서를 청하기만 하면 그냥 품어서 녹여주겠다는 듯 보였습니다.

⚛ ⚛ ⚛

잘못을 깨닫고 아버지에게 돌아온 작은아들

그 점탄성으로 인해 문득 루카복음의 '되찾은 아들의 비유'(루카 15, 11-32)가 떠올랐고, 저는 하느님을 떠났다가 다시 돌아와 함께하는 의미에 대해 다시금 생각하게 되었습니다. 다음은 제가 2011년《경향잡지》4월

호에 기고했던 '두 아들이 돌아오기까지'의 내용을 참조한 것입니다.

어떤 사람에게 아들이 둘 있었는데 작은아들이 아버지의 재산 가운데 자기에게 돌아올 몫을 달라고 하였습니다. 살아계신 아버지의 재산에서 자기의 몫을 달라고 하는 것은 그 시대에는 아버지가 죽기를 바라는 패륜적 행동이었다고 합니다. 하기야 자식이라면 끔찍이 생각하는 요즈음에도, 노인학 강의에서는 오랜 노년을 준비하기 위해 재산이 아무리 많아도 나이 서른이 넘은 자식에게는 아무 것도 도와주지 말고 오로지 장례식 치를 비용 500만 원만 남겨놓고 마음껏 쓰다가 죽으라며 부모의 권리를 강조하는 형편인데, 부모를 공경하던 그 시대에는 오죽 더 기가 막혔을까요?

그런데도 아버지는 작은아들에게 가산을 나누어주었습니다. 하지만 자신의 욕망과 탐욕 때문에 떠난 작은아들은 결국 모든 재산을 탕진하고, 살던 고장에 기근까지 들어 곤궁에 허덕이게 되었습니다. 사람들에게 매달려보았으나 아무도 자신에게 관심을 보이지 않았고, 심지어는 돼지만도 못한 대접을 받았습니다. 그는 진정 버림받은 자였습니다. 이 세상에서 가진 것을 모두 잃어버리고 나서야 제정신이 든 그는 자신이 죽음의 길로 성큼 들어섰다는 사실을 깨닫게 되었습니다.

그가 회개하게 된 것은 바로 더 이상 아래로 내려갈 수 없게 된 처절한 상실감 때문이었습니다. 이것은 그 아버지가 고통을 감수하고라도 아들로 하여금 삶의 진정한 의미를 깨닫게 하려고 사랑으로 허락한 체험이었습니다. 때로는 자식의 깨달음을 위하여 아무리 고통스러운 일일지라도 자식이 직접 당하도록 놓아두어야 할 경우가 있습니다. 그것이 늦어질수록 자식은 그만큼 성숙하지 못하기 때문입니다.

회개한 뒤에 아들은 다시 아버지에게 돌아가기로 했습니다. 그럴 수 있었던 것은, 자아를 완전히 버리고 자신을 돌아본 순간 자기가 그동안 아버지의 사랑을 얼마나 많이 받았는지 깨닫게 되었기 때문입니다. 그 깨달음은 아마도, 이제 아버지의 용서를 바라기보다는 오직 과거의 잘못을 고하고 뼈아프게 참회하고 있음을 알리기만이라도 해야겠다는 마음으로 이어지지 않았을까요?

자신이 돼지만도 못한 존재라고 생각했다면 그런 생각을 하지 못했을 것입니다. 그가 아버지의 사랑을 깨달으며 자신이 아버지의 아들임을 다시금 인식하게 되었기에 가능했습니다. 이렇게 회복된 자존감은 아버지에 대한 신뢰로 전환되면서 두려움이 사라지게 되었고, 그는 하늘과 아버지에게 죄를 지었음을 고하고 용서를 구할 마음을 먹을 수 있었습니다.

이제나 저제나 아들이 돌아오기를 간절히 기다리고 있던 아버지는 마을 어귀에 서 있다가 멀리서 그를 알아보고 달려가 아들의 목을 껴안고 입을 맞추었습니다. 아들은 "아버지, 제가 하늘과 아버지께 죄를 지었습니다. 저는 아버지의 아들이라고 불릴 자격이 없습니다."라고 했습니다. 그러나 아버지는 그저 종들에게 죽었다가 다시 살아난 아들이니 가장 좋은 옷을 입히고 반지를 끼우고 송아지를 잡아 즐거운 잔치를 벌이라 명했습니다.

소심함과 질투로 아버지를 원망한 큰아들

한편, 큰아들은 들에 나가 있다가 집에 오는 길에 아우가 돌아왔다고 살찐 송아지를 잡아 잔치를 벌인다는 소식을 듣게 되었습니다. 동생이 회개하고 돌아오기 전까지 외형적으로 흠이 없어 모든 사람의 칭송을 받았던 큰아들입니다. 그러나 작은아들의 귀향을 기뻐하는 아버지를 보고는 그간 마음속에 숨어 있던 분노가 끓어올랐고, 동생과 비교

렘브란트의 〈돌아온 탕자〉

하면서 불평하기 시작했습니다. 이는 비록 육체적으로는 아버지를 떠나지 않았더라도 영적으로는 이미 떠난 모습입니다.

렘브란트의 유명한 성화를 주제로 한 헨리 나우웬 신부의 저서 『탕자의 귀향』에 작은아들을 끌어안은 아버지와 그 옆에 기쁨 없이 고립된 채 그 광경을 바라보고 있는 큰아들을 대비하여 묘사한 내용이 있습니다.*

두 사람의 얼굴 위에 빛이 비치고 있지만 아버지를 비추는 빛은 그의 손을 밝혀주면서 작은아들을 환하고 따스하게 느껴지는 후광으로 감싸 안은 반면, 큰아들에게 비친 빛은 차갑게 느껴지며 다른 신체의 부분은 어둠 속에 가려져 있습니다.

| * 헨리 나우웬, 김향안 옮김, 『탕자의 귀향』, 글로리아, 2006.

그간 큰아들에게는, 겉으로 볼 때 아들로서 당연히 해야 할 모든 일을 했지만 부모님에게 혹시 실망을 안겨드리지 않을까 하는 두려움이 있었을 것입니다. 어쩌면 자기도 동생처럼 불순종한 삶으로 달아나고 싶었지만 그러지 못한 소심함과 그것을 행한 동생에 대한 부러움에서 자유롭지 못했을지도 모릅니다.

자신은 그토록 열심히 노력했고 다른 사람들이 쉽게 누릴 수 있는 것조차도 누리지 못하고 참은 날이 부지기수인데, 왜 사람들은 인생을 되는대로 살아온 동생에게 관심을 쏟는지 원망 섞인 불평도 이어졌겠지요.

어쩌면 맏이들이 흔히 가지는 '타인의 시선'에 신경 쓰는 이런 품성은 장녀이자 외며느리였던 저의 마음이기도 했습니다. 어쩌다 한 번씩 집안 행사 때나 참석하는 다른 자식들을 칭찬하는 모습을 보며 느끼는 서운한 감정, 부모님을 모시고 사느라 눈에 보이지 않게 눈물을 감추며 애쓰는 일이 많았던 자식의 심정이라고나 할까요?

그럼 이들은 어떻게 해야 할까요? 억울하다고 무작정 소리쳐야 할까요? 또 그 말을 과연 누구에게 하면 속이 풀릴까요? 아니 그런다고 해서 속이 풀리기나 하겠습니까?

저도 해봤는데 절대로 풀리지 않았습니다. 그건 상대방이나 저나 모두 완전하지 못한 존재이기 때문입니다. 진정한 마음을 담아 위로를 받으면 좋겠지만 사실은 그 상대방도 상처를 받았기 때문에 그 역할을 할 수가 없습니다. 아무도 내가 필요로 하는 모든 것을 충족해줄 수 없습니다. 사람은 어느 누구라도 절대로 그렇게 해줄 수 없습니다. 하지만 하느님께서는 해주실 수 있다고 하는데 어떻게 해주실까요?

여러 가지 문제로 힘들었던 시절에 일주일에 한 번씩 예수님의 수난을 생각하며 '십자가의 길' 기도를 바치곤 했습니다. 쓰러질 것 같았던 제가 그 기도를 바칠 때면 예수님께서도 함께 쓰러지시며 "그래도 괜찮아." 하시는 것 같아 다시 일어날 수 있었습니다. 그리고 어떤 풀기 어려운 문제에 부닥쳤을 때 이 기도를 바치면 자주 응답을 받았기에 점심시간을 이용하여 학교 근처의 성당으로 가면서 은근히 기대를 품은 적도 있었습니다.

제 안의 큰아들이 저를 괴롭히던 어느 날, 이 기도를 바칠 때의 일이었습니다. 예수님은 2처에서 십자가를 받아 안으신 후 3처에서 쓰러지십니다. 그리고 4처에서는 성모님을 만나시고, 5처에서는 도저히 걸으실 수 없는 예수님을 대신하여 시몬이 십자가를 대신 지고, 6처에서는 베로니카가 예수님 얼굴의 피땀을 닦아 드립니다. 그렇게 위로와 도움을 받으신 뒤에 7처에서 다시 쓰러지십니다. 그리고 8처에서 예루살렘 부인들을 만나시고 9처에서 또다시 쓰러지십니다. 이처럼 위로를 받으시거나 만나고 싶은 사람을 만난 다음에는 쓰러지시는 것을 볼 수 있습니다. 그때 불현듯 예수님께서 내적인 힘보다 외부의 칭찬이나 도움, 위로에 의지하면 쓰러진다고 저에게 말씀하시는 것 같았습니다. 이 사실을 깨닫고 나자 갑자기 제 마음 속에 있던, 칭찬에 목말라하며 불평하던 큰아들이 아버지께로 돌아가는 것을 느꼈습니다.

게다가 결정적으로 아버지는 "얘야, 너는 늘 나와 함께 있고 내 것이 다 네 것이다." 하시며 완전하고도 무한한 사랑을 보여주십니다. 그분은 두 아들을 비교하지 않고 그들의 개인적인 인생 여정을 따라 녹말 용액의 점탄성처럼 있는 그대로 수용하는 사랑을 표현하셨습니다. 그 말씀에 어느 누가 아버지께 돌아가지 않을 수 있을까요? 결국 불완전한 인간에게 의존함으로써 불평했던 저는, 무조건적인 사랑을 주시는 하느님 아버지 품으로 돌아가야만 제 내면의 큰아들을 사라지게 할 수 있다는 것을 깨닫게 되었습니다. 그렇습니다. 하느님께서 함께하실 때라야 제게 필요한 것을 충만하게 채워주시고 진정한 평화를 누리게 해주십니다.

누군가 하느님의 사랑은 달아나는 우리보다도 더 빠르다고 했지요. 아무리 하느님과 멀리 떠나 마음이 굳어 있어도 그분의 사랑만이 우리를 구해주신다는 믿음을 가지고 용서를 청하며, 비록 자꾸 넘어지더라도 반복하여 다시 사랑의 생기가 흐르는 삶을 살아갈 수 있으면 좋겠습니다. 아니 좀 더 의욕을 가진다면, 두 아들을 모두 품은 아버지의 마음으로 살아갈 수 있다면 더 바랄 것이 없겠습니다.

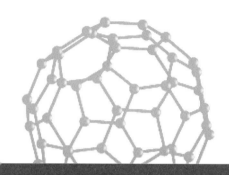
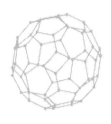

"너는 늘 나와 함께 있고
내 것이 다 네 것이다."

(루카 15. 31)

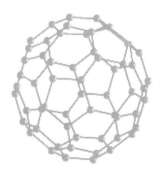

생명 나눔으로 이루는 부활

탄소의
혼성오비탈

탄소의 죽음 같은 희생 후에 다시 태어난 메탄

대부분의 화학책에서 혼성오비탈을 설명할 때, 탄소와 4개의 수소가 만나 메탄(CH_4)가스를 만드는 과정이 가장 먼저 소개됩니다. 여기서 바닥상태의 안정한 탄소(C) 원자의 전자배열 상태로는 4개의 수소 원자와 도저히 결합할 수가 없는데, 4개의 수소 원자가 와서 결합하자고 합니다.

사람으로 비유하면 탄소는 다른 원자와 잡을 수 있는 손을 2개만 가지고 있는데 4명의 친구가 와서 막무가내로 탄소에게 완벽하게 똑같이 생긴 손을 하나씩 내놓으라고 강요하는 셈입니다. 정말로 사람에게 손이 2개밖에 없는데 4개의 똑같은 손을 만들어야 한다면 어떤 일이 벌어질까요? 그렇게 하려면 아마도 우리 몸의 앞뒤로 팔을 하나씩 더 만들어야

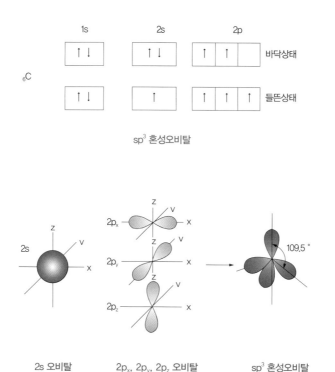

겠지요. 아직 그런 수술은 누구도 해본 적이 없지만 생각만 해도 끔찍한 일이 아닙니까? 어쩌면 목숨을 내어놓을 정도로 위험할지도 모르겠습니다.

탄소로서도 4개의 손을 가지기 위한 전자배열 상태가 되려면 그만큼 불안정해지는 큰 희생이 있어야 한다는 말이지요. 위 그림의 바닥상태에서 2s 오비탈은 전자 2개가 채워져 쌍을 이루고 있고, 2p 오비탈에는 홀로 있는 전자가 2개 있습니다. 전자가 홀로 있을 때 다른 원자의 전자 하나가 들어와 짝을 이루어 결합을 하는 것입니다. 그러니까 바닥상태의 탄소 원자는 2개의 원자와 결합할 수 있겠지요? 하지만 4개의 원자와 결합하려면 탄소도 홀로 있는 전자가 4개가 되어야 합니다. 그렇게 하려면 2s 오비탈에 있던 전자 하나를 에너지가 높은 2p 오비탈로 보낼 수밖에 없습니다.

이와 같이 들뜬상태가 되어 2s 오비탈과 2p 오비탈 3개에 전자들이 각각 홀로 있게 되지요. 그후에는 2s와 2p 오비탈 사이에 혼성이 일어나 그 모양이 구형의 2s 오비탈도 아니고, 축을 따라 있는 2p 오비탈도 아닌, 둥근 돌출부가 정사면체의 꼭짓점을 향하고 있는 모양의 혼성오비탈(sp^3)이 만들어집니다.

그 끝에 4개의 수소 원자들이 각각 결합하여 메탄가스가 만들어지며 이렇게 새로 태어난 화합물은 원래 탄소나 수소 원자들보다 훨씬 안정된 상태가 됩니다.

탄소의 죽음과 같은 희생 후에 다시 태어남! 무엇이 연상됩니까? 그렇습니다! 탄소 하나가 죽어 4개의 수소와 손을 잡고 메탄으로 부활한 것입니다.

그런데 왜 하필 탄소 이야기냐고요?

메탄은 탄소 화합물로서, 연소할 때 나오는 이산화탄소가 지구 온난화의 주범으로 꼽히고 있어 우리의 환경에 주는 이미지가 매우 좋지 않으니 말입니다.

국가적으로도 '저탄소 녹색 성장'이라는 구호까지 계속 외쳤으니 아마도 탄소는 무조건 우리에게 해를 끼치는 원소라는 개념이 모든 사람의 머리에 박혀 있을 듯합니다. 만약 탄소가 우리 인간처럼 느낄 수 있다면 자신의 존재감에 대해서, 없다 못해 아마도 죽은 상태에 버금가는 것으로 느끼지 않을까 싶습니다. 그래서 탄소의 그러한 이미지에 대해 언급하고자 합니다.

화학자 이덕환 교수는 탄소에 대해서 과도하게 매도하고 있는 사회적 현상에 대해 우려를 표시하고 있으며 이는 대부분 화학자들의 걱정이기도 합니다.*

기후 변화, 식량 생산 감소, 물 부족, 환경 파괴 등 지구 전체가 안고 있는 문제를 해결하기 위해서는 화석연료의 지나친 낭비를 억제해야 한다. 그리고 고갈 위기에 놓인 에너지와 자원의 무분별하고 비효율적인 소비가 우리 모두에게 재앙을 가져올 만큼 심각한 상황에 있는 것도 확실하다.

그러면 탄소가 없다면 모든 문제가 해결되는가? 탄소를 현대 인류 문명을 위협하는 악(惡)의 상징으로 인식하는 분위기는 매우 걱정스럽다. 그동안 환경 문제를 소홀히 여겼던 우리의 실수를 엉뚱하게 탄소 탓으로 돌려버리는 것은 비겁하다.

탈탄소를 향한 대안으로 제시되고 있는 태양광, 풍력, 조력, 바이오, 원자력 등의 신재생에너지에 대한 인식도 바로잡아야 한다. 탄소를 쓰지 않는다고 무조건 친환경적 선(善)이 되는 것은 아니다. 신재생에너지에 의한

---

* 이덕환, 《동아일보》, 칼럼 '과학세상−탄소가 무슨 죄 있나', 2012년 11월 14일자.

환경 파괴, 감당하기 어려운 사고, 식량 생산과의 경쟁으로 촉발되는 윤리 문제도 화석연료에 못지않을 정도로 심각하다.

탄소는 모든 생명의 근원이다. 생명의 형성과 생명 현상은 화학적 특성으로 무한한 다양성을 만들어내는 탄소에서 비롯되는 것이다. 심지어 생명이 번성할 수 있도록 해주는 태양 에너지도 탄소를 촉매로 하는 핵융합 반응에서 생성된다. 결국 탈탄소는 우리 자신의 존재와 생존까지 부정해야만 가능한 일이다.

탄소는 인류 문명의 핵심이기도 하다. 1만 2000년 전에 시작된 인류 문명은 식물과 동물이 가지고 있는 탄소 유기물의 합성 능력을 적극적으로 활용하려는 시도였다. 20세기의 인류 문명을 꽃피워준 고분자와 미래의 소재로 개발되고 있는 첨단 나노 소재도 대부분 탄소의 화합물이다.

결국 탄소는 우리가 거부해야 할 악(惡)이 아니라 적극적으로 수용해야 할 선(善)으로 규정할 수밖에 없다. '탄소의 과학'인 화학을 포함한 현대 과학과 기술이 인간의 정체성 확인과 문명 발전의 견인차 역할을 해왔고, 앞으로도 그런 형편은 변할 수 없다는 사실도 분명하게 인정해야만 한다.

그런 뜻에서 현대의 과학기술 문명을 '탄소문명'이라고 부르고, 인류의 지속적인 생존과 번영을 위한 새로운 '탄소문화'의 창달이 우리에게 주어진 막중한 시대적 당위라고 할 수 있다.

특히 현대 과학과 기술의 가치와 성과를 분명하게 평가하고, 적극적으로 수용하는 친(親)탄소적이고, 친(親)과학적인 자세가 무엇보다 중요하다. 탄소가 인간의 존재와 인류 문명의 가장 현실적인 기반이라는 사실도 절대 잊지 말아야 한다.

메탄가스, 과연 악인가

탄소 중에서도 지구 온난화의 가장 큰 주범으로 꼽히는 메탄가스는 영구동토층에 4000억 톤이 매장되어 있고, 해저에도 가늠할 수 없을 만큼의 양이 저장되어 있으니 지구에서 메탄의 저장량은 실로 어마어마합니다. 환경오염이 어떤 다른 요인보다 탄소에 있다고 주장하는 학자들은 이것이 지구 전체를 위험에 빠뜨릴 것이라 합니다.

그러면 이 메탄가스를 어찌해야 할까요? 아직도 에너지 고갈의 문제가 심각한데 탄소를 '그냥 가까이 하기엔 너무 먼 당신'으로 멀리하는 게 상책일까요?

한국과학기술정보연구원(KISTI)의 글로벌 동향 브리핑에 의하면, 미국 에너지부(DOE) 산하 국립재생에너지연구소(National Renewable Energy Laboratory)는 천연가스에서 발견되는 메탄을 액체 디젤 연료로 전환하는 미생물 개발을 지원할 예정이라고 합니다(http://phys.org/news/2013-01-nrel-methane-liquid-diesel.html). 전 세계 유전에서 나오는 천연가스 양은 매년 미국에서 사용되는 석유량의 약 3분의 1을 차지하고 있으며, 이 과정에서 메탄가스가 대기로 배출됩니다.

메탄가스가 액화되면 부피가 훨씬 줄어 운송과 저장이 용이해지지만, 천연가스의 임계온도는 매우 낮아(-82.1℃) 보통의 냉동기로는 액화가 어렵습니다. 연구진은 대기로 배출되는 메탄가스를 미생물을 이용하여 액체로 전환할 경우, 석유처럼 파이프로 이송시켜서 자동차 연료와 항공기에 사용되는 제트 연료로 적합한 디젤로 정제할 수 있다고 말했습니다. 연구진은 천연가스의 구성요소인 메탄에서 자연적으로 성장하는 미생물을 이용하여 유전적으로 세포막 지질의 양을 증가시키고, 신속하게 연료로 전환하는 연구를 진행할 것입니다. 탄소를 적극적으로 수용하여 새로운 방식으로 에너지를 생성하고 저장, 사용하는 방법을 개발하는 이 프로젝트가 에너지와 환경 문제를 푸는 데 큰 도움이 되리라고 기대해봅니다.

국내의 축산 농가에서도 동물의 분뇨에서 나오는 미생물과 메탄가스를 이용하여 연료로 사용하는 예가 늘고 있으며, 매립지의 소각장에서 나오는 메탄가스를 이용하여 차량의 연료로 사용하는 연구도 진행되고 있습니다. 이렇게 폐기물에서 나온 탄소화합물을 사용하는 연구는 환경문제의 해결뿐 아니라 일자리 창출, 저렴한 자동차 연료 공급, 석유의존도 저감 등의 다중효과를 거둘 수 있습니다. 그런 점에서 이 연구는 젊은이들의 취업난을 비롯해 경제적인 불황에 처해 있는 우리 모두에게 희망을 줄 것입니다. 이는 독이라 생각되었던 탄소를 약으로 만드는 연구이며 탄소의 의미를 찾아주는 연구로서 더욱 확대되어야 할 것입니다.

이에 대한화학회는 탄소를 기반으로 하는 인간의 정체성을 새롭게 확인하고 인류 문명의 발전에 기여한 탄소문화를 창달하기 위해 2012년 처음으로 '탄소문화상'을 제정하였습니다. 대학화학회는 화학을 포함한 현대 과학을 긍정적으로 평가하고 학술과 문화 예술의 발전에 기여하거나 에너지 및 자원 정책 등의 분야에서 공로가 현저한 인문, 사회, 문화, 예술, 언론계 인사에게 이 상을 수여하기로 하였습니다.

이는 실로 메탄이 생성되는 과정에서 탄소가 혼성오비탈을 통해 부활한 것처럼 전 세계에서 독소로 취급받던 탄소와 탄소의 과학인 화학이 환경문제를 해결하는 데 중요한 역할을 하며 함께 부활하게 되는 셈이 아닙니까? 이러한 탄소문화의 긍정적 평가에 우리 사회 많은 사람들의 관심과 호응이 모아지면 좋겠습니다.

☆ ☆ ☆

생명 나눔으로 이루는 부활

지난 1월의 어느 날, 미사 때 우리 본당의 부주임 신부님은 숙연한 모습으로 전도가 유망했던 한 음악전공 대학생의 죽음에 관한 소식을 전해주며 그의 영원한 안식을 위해 함께 기도해달라고 부탁했습니다. 그의 죽음이 특별했던 것은 그가 뇌사상태에 빠지면서 생명 나눔을 실천하여 우리에게 훈훈한 감동을 주었기 때문입니다. 그는 신부님의 전 본당에서 주일학교 교사로 활동하며 친하게 지내던 학생이라 하였습니다.

이 이야기는《평화신문》에도 게재되어 좀 더 알려지게 되었습니다.[*]

고인 김동진(21, 세례명: 프란치스코) 씨는 주일학교 교사로서 복사(천

| * 《평화신문》 2013년 1월 20일자 기사 참조.

주교 미사 때 제단에서 사제를 도와주는 사람)단의 겨울 스키캠프에 참가했는데 스노보드를 타던 중 가볍게 쓰러졌습니다. 그러나 뜻밖에 심한 두통으로 병원에 실려가 뇌혈관 단층 촬영 결과 지주막하출혈이라는 진단을 받았습니다. 불행하게도 뇌출혈은 계속 진행되어 혼수상태에 이르게 되었고, 서울의 성모병원으로 이송되어 집중 치료를 받았으나 결국 뇌사판정을 받았습니다.

고인은 어린 시절부터 성당에서 복사활동을 했고, 청소년 시절에는 가톨릭 사제를 꿈꾸며 집이 먼데도 불구하고 가톨릭교회의 이념을 따라 운영하는 동성고등학교에 스스로 지원했습니다. 이후 진로를 고민하던 중 서울예술종합대학교에 입학하여 음악을 전공했으나 장래 가톨릭 수도자의 꿈을 간직한 채 열심히 신앙생활을 하고 있었습니다.

그런 아들의 뜻을 기려 고인의 아버지는 "사랑스런 막내아들을 잃게 되어 가슴이 아프지만, 평소 동진이가 가톨릭 수도자가 되고 싶다고 밝혀왔으며 봉사활동도 꾸준히 하는 베풀 줄 아는 아이였기 때문에 장기기증을 결정했다."고 밝혔습니다.

고 김동진 씨는 서울성모병원 이식외과 교수를 비롯한 각 장기 수혜 병원 의사들의 집도로, 심장과 간장, 췌장, 신장 두 개, 각막 두 개 등, 총 여섯 명에게 새 생명을 선물하고 떠났습니다. 뼈, 피부 등 인체조직의 기증 또한 이뤄졌습니다.

그는 이제 자신을 온전히 내어주어 마치 텅 빈 무덤같이 되었습니다. 그는 허무한 삶을 산 것일까요?

예수님의 텅 빈 무덤과 부활에 대한 전원 신부의 묵상 글을 인용해보

겠습니다.[*]

"다 이루어졌다!" 예수님께서 십자가 위에서 마지막 숨을 거두실 때 하신 말씀입니다.

(중략)

그런데 '모든 것을 다 이루셨다.'고 하셨지만 그분께서 떠난 자리에는 아무것도 남지 않았습니다. 골고타 언덕 위에는 또 다른 누군가의 죽음을 기다리는 십자가만이 덩그러니 남아 있을 뿐, 그분께서 묻히신 자리마저도 텅 비어 있습니다.

예수님을 사랑하는 마리아 막달레나도, 베드로와 다른 제자들도 그들이 다다른 곳은 텅 빈 무덤이었습니다.

스승 예수님을 따르고 남은 것이라고는 아무것도 없습니다.

그런데 무엇을 다 이루셨을까요?

사랑은 모습도 색깔도 없다고 했습니다. 이렇게 텅 빈 무덤처럼 자신을 온전히 내어준 텅 빈 흔적만 남는 것이 사랑입니다.

예수님께서는 당신 삶에서 온전한 사랑을 완성하셨습니다.

그래서 텅 빈 무덤은 사랑을 완성한 흔적이면서 부활의 표징이 됩니다.

텅 빈 무덤 안에서 부활과 사랑은 하나가 되었습니다.

우리 인생 여정도 텅 빈 무덤을 향해 가는 것입니다. 세상 것을 추구하는 사람들은 출세하고 자식 잘 키우고 호위호식하며 사는 것을 인생의 목

| * 전원, 앞의 책.

표로 삼지만, 예수님을 따르는 사람들은 자신을 비우고 내어주는 사랑을 목표로 삼습니다. 세상 것은 죽음과 함께 모든 것이 허무하게 끝나지만, 주님의 것은 빈 무덤과 함께 영원합니다. 그것을 우리는 구원이라고 부릅니다.

예수님께서는 비우고 나누고 돌아가신 후, 다시 생명으로 건너가셨습니다. 그렇게 해서 사랑과 부활이 하나 되었고, 사랑으로 죽어야만 다시 살 수 있다는 표징을 보여주신 것입니다. 그리고 우리는 예수님의 부활을 믿기에 모든 수난과 모욕과 고통이, 그리고 십자가가 어리석음이나 수치가 아니라, 부활에 이르도록 도와주는 지혜나 자랑이 될 수 있다는 것도 알게 되었습니다. 또한 예수님께서 약속하신 것처럼 우리도 예수님의 길을 따르면 영원한 생명, 곧 구원을 얻게 된다는 것도 믿게 되었습니다.

그러니 "동진이의 장기기증이 성공하면, 아들이 또 다른 모습으로 세상 속에 살아 있을 수 있는 기회가 될 것이라 생각한다."는 고인의 어머니 말대로 고인은 모든 것을 비우는 사랑으로 부활하였습니다. 결코 허무한 삶을 산 것이 아니었습니다. 예수님께서는 돌아가시고 부활하셔서 이 세상의 모든 사람과 하나 되시려고 성령을 보내셨습니다. 탄소도 자기를 희생하여 4개의 수소와 하나 되었으니, 마치 예수님을 따르는 것 같지요? 그런데 김동진 씨 한 사람의 죽음으로 여섯 사람과 하나가 되어 생명을 이어갔으니 이 얼마나 아름답고 빛나는 부활입니까?

그런 의미에서 장기 기증 현황에 대해,《평화신문》의 관련기사에서 좀 더 알아보기로 합니다.

십자가를 내려놓고 장기기증을 결심하기까지

서울성모병원 장기이식센터장 양철우 교수는 "미국의 경우 100만 명당 35명이 장기기증을 하는 반면 우리나라는 100만 명당 5명에 불과해 장기기증자가 턱없이 부족하다."고 말했습니다. 서울성모병원의 전문 간호사인 김형숙 장기이식 담당 코디네이터는 "우리와 인구밀도가 비슷한 스페인은 자신이 거부한 경우를 제외하고는 대부분 장기기증에 동참하고 있다."고 합니다.

천주교 한마음한몸운동본부의 생명운동팀 조남순 간사는 "우리나라의 한 해 뇌사자 장기기증은 2012년 말 기준으로 1709건이며 이는 이식 대기자 2만 2695명 가운데서 7.5%만을 살릴 수 있는 것"이라며 "매년 800명이 넘는 이식 대기자들이 손도 쓰지 못한 채 죽어가고 있다."고 말했습니다. 이어 "장기기증은 가장 소중한 생명을 나누는 사랑 실천"이라며 "고통 속에 살고 있는 환자들에게 희망을 전하는 일에 동참해달라."고 호소했습니다.

국내 장기기증 희망자는 2009년 김수환 추기경 선종 이후에 급격히 늘었으나 2010년 이후로는 희망자가 줄어들고 있다고 해서 이식 대기자들을 안타깝게 하고 있습니다. 그리고 뇌사 판정 자체가 장기기증에 동참했다는 의미라고 합니다.

예전에 미국에 있을 때의 일입니다. 그 나라에서는 어떤 사람이 사고를 당해 갑자기 죽음을 맞게 되면, 그를 확인하는 과정에서 먼저 장기기증 등록증 소지 여부를 확인한다는 이야기를 들었습니다. 생명 나눔이 얼마나 보편화되었는지를 보여주는 것이지요. 당시에는 저의 소극적인 성격 탓이기도 하고 우리와 문화가 다른 그들에게 잘 적응하지 못하고 있었지만, 그 사실을 알고부터는 미국이 훨씬 따뜻하게 다가오는 느낌을 받았습니다.

예수님의 나눔의 삶과 부활이야말로 생명 나눔 정신의 뿌리입니다. 예수님의 부활은 육신의 죽음은 인생의 끝이 아니라 새로운 시작이 될 수 있음을 보여주셨기 때문입니다. 당신 한 분이 돌아가심으로써 죄 많은 우리 모두에게 영원한 생명을 주셨습니다. 그러나 이는 단순히 육신의 죽음만을 이야기하는 것이 아닙니다. 예수님께서 고통 받고 가난한 우리를 위해 돌아가시고 부활하셨기에, 우리도 스스로를 희생하여 그렇게 고통 받고 보잘것없어 보이는 사람들을 섬겨야 현세의 삶에서도 부활할 수 있음을 우리에게 보여주시는 것입니다.

그런데 생명 나눔이 예수님을 따르는 길이라고 알고 있으면서도 제게는 아무리 사후(死後)라지만 그저 두렵기만 해서 장기기증을 선뜻 마음먹지 못하고 있었습니다. 하지만 이에 대한 이야기만 나오면 언젠가는 꼭 해야 한다는 강박관념을 늘 가지고 있었던 것도 사실인데, 그렇다고 억지로 하고 싶지는 않았습니다. 주님께서 언젠가 마음먹을 수 있게 도와주시겠지 했는데 그건 어쩌면 그 마음을 미루고 싶어서였는지도 모르겠습니다. 그래도 그 언젠가를 기다려보기로 했습니다.

몇 년 전, 소사에 있는 아름다운 피정의 집에서 '십자가의 길'을 따라

걷게 되었습니다. 그런데 제2처에서 누구나 싫어하는 십자가를 예수님께서 마치 선물 대하듯 소중하게 받아안고 계신 것을 보고는 매우 충격을 받았습니다. 그 모습이 어쩌나 감동적이던지 그 예수님을 저로 대입하여 걸어가보았습니다.

제 십자가의 무게가 무겁다고 넘어지기도 하고, 때로는 엄마에게 하듯 엄살도 부려보고, 십자가를 남의 탓이라며 던져보기도 하고, 친구에게 위로받기도 하고, 위로해주기도 하다가 또 넘어지면서 길을 나아갑니다. 그렇게도 십자가를 멀리하려고 갖은 잔꾀와 노력을 다 동원해보지만 아무 소용이 없습니다. 십자가는 더 가까워질 뿐입니다. 주님께서는 내 몸에 걸친 옷의 두께마저도 멀어지게 하는 요인이라고 벗겨버리십니다. 아니, 이제는 저를 십자가에 못까지 박아 온전히 하나가 되라고 하십니다.

이젠 내가 십자가이고 십자가가 나입니다. 그러고 보니 십자가가 나를 매달고 있는 고통이 제게 깊이 전해집니다. 이제야 알았습니다. 십자가도 무척 고통스러웠다는 것을. 아! 그런데 이렇게 죽으니 어느덧 십자가에서 내려지며 십자가와 멀어집니다. 죽어야 십자가를 떠날 수 있었습니다. 문득 처음 예수님께서 십자가를 받아 안으시는 모습으로 다시 눈길이 갑니다. 지금까지 나를 괴롭히던 십자가, 그 많은 사람들! 저 하나 죽으니 문득 그들이 안쓰럽게 느껴지고 선물로 다가옵니다. 저도 선물을 주고 싶어집니다, 저 자신을.

그때 불현듯 제 생명을 나누어야겠다는 결심이 피어올랐습니다. 저는 그 다음날, 비로소 오랜 망설임을 접고, 한마음한몸운동본부에 장기기증을 등록하였습니다. 마치도 오랫동안 풀지 못했던 숙제를 해낸 것 같이 그때의 날아갈 것 같고 뿌듯했던 마음은, 그냥 그 자체가 부활이었습니다. 주님께서 저를 죽음에서 생명으로 건져주셨습니다. 요즈음 외출할 때마다 기쁜 마음으로 등록증을 챙긴답니다.

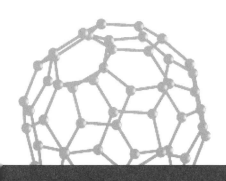

"나는 부활이요 생명이다. 나를 믿는 사람은 죽더라도 살고,
또 살아서 나를 믿는 모든 사람은 영원히 죽지 않을 것이다."
(요한 11, 25-26)

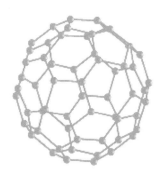

전자쌍
반발이론

전자쌍 반발에 따라 분자구조가 결정된다

이번에도 퀴즈를 하나 내겠습니다.

중심 원자는 각각 B(보론), N(질소), Cl(염소)이고 그들을 둘러싸고 있는 3개의 말단원자가 똑같은 원자 F(플로린), 즉 BF_3(삼플로르화보론), NF_3(삼플로르화질소), ClF_3(삼플로르화염소)라면 이들은 똑같은 모양일까요, 다른 모양일까요?

답은 '다르다'입니다.

공유결합 화합물은 이와 같이 중심원자가 어떤 혼성오비탈을 만드는지에 따라 그 구조가 달라집니다. 그리고 만들어지는 혼성오비탈은 중심원자의 최외각 전자의 수와 그와 결합하는 말단원자가 내어놓는 전자의 수에 의해 결정됩니다.

그러면 BF_3, NF_3, ClF_3를 예로 들어 설명해보겠습니다. 이들은 중심원자만 다른데, 이 말은 중심원자들의 최외각 전자수가 다르다는 의미입니다.

첫 번째로, BF_3의 중심원자인 B는 3개의 최외각 전자를 가지고 있습니다. 그리고 F는 각각 한 개의 전자를 내놓고 B와 결합하므로 B의 주위에는 모두 6개의 전자, 즉 3개의 전자쌍이 존재합니다. 이 전자쌍이 어떻게 배치되는가에 따라 분자의 구조가 결정됩니다. 하나의 결합에는 전자한 쌍이 필요한데 여기서는 3개의 전자쌍이 있으니 이들은 모두 B–F 결합에 사용됩니다. 이렇게 결합에 사용된 전자쌍을 결합전자쌍이라 부릅니다.

그런데 이 3개의 결합전자쌍은 어떻게 자리를 잡는 것이 좋을까요?

알다시피 전자는 모두 음전하를 띠고 있습니다. 그리고 같은 성질을 띠는 전하는 서로 반발합니다. 그러니까 중심원자는, 자기가 가지고 있는 전자와 저마다 중심원자와 손잡겠다고 모여오는 원자가 가지고 온 전자들이 서로 충돌하지 않도록 혼성오비탈이라는 집을 절묘하게 지어서 각 방에 넣어주는 역할을 하는 셈이지요. 이때가 중심원자의 리더십이 크게 발휘되는 순간입니다. 사이즈가 큰 것은 큰 공간을 차지할 수 있도록 배려하는 것도 잊지 않으면서 말입니다.

이를 화학 용어로 전자쌍 반발이론, 더 정확히 말하면 원자가껍질 전자쌍 반발이론(valence shell electron pair repulsion theory, VSEPR theory)이라 합니다.

그러므로 BF_3에 있는 3개의 전자쌍들이 가능한 한 서로 멀리 떨어져 있게 하는 방법은 B가 서로 120° 떨어져 있는 삼각형의 집을 짓는 것입니다. 이때 3개의 F가 세 꼭짓점의 끝에 와서 자리 잡으면 B와 F들은 편안하게 결합하게 됩니다.

이번에는 질소(N)가 중심원자인 NF_3의 구조를 알아보겠습니다. 질소는 최외각 전자를 5개 가지고 있습니다. BF_3에서와 마찬가지로 F는 1개의 전자를 줄 수 있으므로 질소의 주위에는 8개의 전자, 즉 4개의 전자쌍이 존재합니다.

이 말은 질소가 최대한 4개의 원자와 결합할 수 있다는 의미입니다. 그런데 결합할 원자는 3개뿐입니다. 그러므로 3쌍은 3개의 F와 결합하는 데 쓰이고 나머지 한 쌍은 홀로 있게 됩니다. F와 결합하는 데 쓰인 전자쌍을 결합전자쌍이라고 부르는 반면, 홀로 있는 전자쌍은 아무하고도 결합하지 않고 고립되어 있다고 해서 고립전자쌍(lone pair) 또는 비공유전자쌍이라 부릅니다.

그러니까 이번에는 질소가 3개의 결합전자쌍과 1개의 고립전자쌍을 위한 집을 지어 방 배치를 해주어야 합니다. 우선 4개의 전자쌍이 있으니 4개의 꼭짓점을 가진 집을 만듭니다. 평면사각형도 생각해볼 수 있겠지만 90° 떨어져 있으니, 전자의 반발을 적게 할 집의 모양은 109.5° 떨어져 있게 되는 정사면체가 낫습니다. 메탄가스의 경우와 같지요? 그렇습니다. 메탄가스도 탄소가 4개의 최외각전자를 가지고, 수소 4개가 한 개씩 내놓으면 8개, 즉 4개의 전자쌍이 존재하므로 같은 집을 짓게 되는 것이지요.

그런데 여기서 3개는 결합전자쌍인데 1개는 고립전자쌍입니다. 전자들도 우리 인간과 비슷해서 주위에 아무도 없으면 좀 더 해방감을 느끼는지 결합전자쌍보다 부피가 훨씬 더 커집니다. 결합전자쌍보다 고립전자쌍의 반발력이 더 큰 것은 당연한 결과이지요.

그러므로 고립–고립 전자쌍 간의 반발력이 가장 크며 결합–결합 전자쌍 간의 반발력이 가장 작습니다. 따라서 같은 개수의 전자쌍을 갖고 있더라도 결합전자쌍과 고립전자쌍의 구성에 따라 각 전자쌍들이 이루는 각은 조금씩 달라질 수 있습니다.

그렇다면 결합전자쌍 3개와 고립전자쌍 1개를 가진 NF_3는 모양은 어떨까요?

우리의 예상대로 고립전자쌍의 위력 때문에 ∠FNF는 $109.5°$보다 훨씬 작아진 $102.5°$이며, 실제로 우리가 볼 수 있는 것은 원자들뿐이기 때문에 NF_3는 삼각뿔 모양을 하고 있습니다.

마지막으로 ClF_3의 구조를 알아보겠습니다. 중심원자인 염소(Cl)는 7개의 최외각 전자를 가지고 있고 3개의 F로부터 3개의 전자를 받아 총 10개의 전자, 즉 5개의 전자쌍을 가지게 됩니다. 여기서 혹자는 의아해할지도 모르겠습니다. 왜 8개로 채워져 안정해지는 옥텟(octet)을 만족하지 않을까 하고요. 그것은 주기율표에서 3주기 이후의 원소들은 d 오비탈을 사용할 수 있어 필요하면 옥텟보다 더 많은 전자를 가질 수 있기 때문입니다. 이를 '옥텟의 확장'이라고 일컫습니다.

전자들의 충돌을 막는 중심원자의 리더십

한편, 다섯 쌍의 전자가 반발을 최소화하는 구조는 삼각형 평면에다가 그 중심의 위아래로 그 평면에 직각인 축이 있어, 삼각뿔이 위아래로 두 개가 합쳐진 모양을 하고 있는 삼각쌍뿔체(trigonal bipyramid)입니다. 그러므로 염소는 다섯 개의 꼭짓점을 가진 삼각쌍뿔체의 집을 짓게 됩니다. 그런데 F가 3개 있으니 결합전자쌍이 3개, 고립전자쌍이 2개 있는 셈이지요. 그럼 이 다섯 개의 꼭짓점에 이들을 어떻게 모셔야 할까요?

왜 모시느냐고요? 전자쌍들끼리는 반발이 심하다고 하지 않았습니까? 그러니 조심조심 모셔야 합니다. 여기서 모두를 만족시키는 중심원자의 리더십이 발휘되어야 하지요. 먼저 가장 골칫덩이인 2개의 고립전자쌍을 배치하는 방법을 생각하면 쉽지요. 아래 그림과 같이 세 가지 경우가 있습니다. a는 2개가 모두 삼각형 평면에, b는 하나는 평면, 다른 하나는 축상에, 그리고 c는 둘 다 축 상에 모시는 것입니다.

이들 중에서 전자쌍들끼리의 반발을 최소화하는 것은 언뜻 보기에는 고립-고립 전자쌍이 가장 멀리 있는 c일 것 같지만, 이들은 많은 수의 결

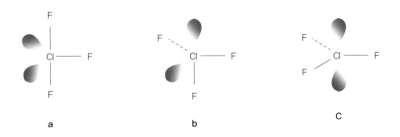

a   b   C

합전자쌍과 너무 가까이(90°) 있어서 고립-결합 전자쌍 사이의 반발이 심합니다. b는 고립-고립 전자쌍이 서로 90° 각도로 만나기 때문에 반발이 제일 심하고요. 그러므로 이렇게 세심한 배려 끝에 중심원자 염소는 a라는 구조를 선택하여 T 구조를 갖게 됩니다.

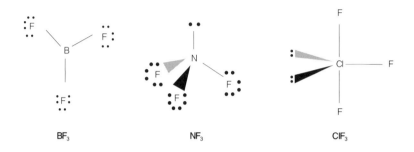

BF₃   NF₃   ClF₃

그러므로 아무리 같은 종류, 같은 수의 말단원자와 결합한다 해도 중심원자가 무엇이냐에 따라 구조는 확연히 달라집니다. 다시 말해서 BF_3가 평면 삼각형, NF_3가 삼각뿔, ClF_3가 T모양의 구조를 가지게 된 것은 오로지 중심에 있는 원자의 영향 때문이었지 주위에 있는 말단원자 탓은 아니라는 것입니다.

주위 환경이 어떻게 주어진다 해도 나타나는 결과는 오직 중심에 누가 있는가가 중요하며, 그 중심에 있는 원자가 자신의 일에 무한책임을 진다고 말하는 것 같습니다. 구성원들이 서로 반발만 하는 역경 속에서도 중심원자는 전자쌍들이 부딪히지 않도록 배려의 리더십을 발휘하고 있습니다.

저의 지난번 책 『화학에서 인생을 배우다』에서는 지금 설명하고 있는 이론을 인생의 '서열'로 설명했습니다. 촉매에 대해서도 앞의 책에서는 '상처 입은 치유자'로 다루었지만 이번 책에서는 '더해주는 삶'의 이야기를 하고 있지요. 같은 이론이라도 깊이 들여다보면 이같이 다른 면의 이야기를 무궁무진하게 풀어낼 수 있습니다. 그러니 화학이 어찌 물질만의 학문이라고 하겠습니까? 요즈음 인기 있는 개그 프로그램에서 하는 말처럼 "오해하지 마!"입니다.

✧ ✧ ✧

용서 받기와 용서하기

이 세상에 용서받지 못할 죄가 있을까요?

무엇보다도 예수님을 돌아가시게 한 죄가 가장 큰 죄가 아닐까요? 그럼에도 예수님은 "아버지, 저들을 용서해주십시오. 저들은 자기들이 무슨 일을 하는지 모릅니다."(루카 23. 34) 하시며 용서하셨습니다. 그러니 가만히 생각해보면 용서란, 죄를 지은 사람이 어떤 죄를 얼마나 크게 지었느냐에 달린 것이 아니라 용서하는 사람의 마음에 달린 것 같습니다.

그런데 용서란 무엇일까요?

용서를 청할 때를 생각해봅니다. 용서를 해주는 측에서 자선을 베풀듯, "나는 잘못이 없는데, 네가 잘못한 것을 마음 넓은 내가 다 받아주지." 하면 어떨까요? 저의 좁은 소견으로는 제가 아무리 잘못했더라도 이런 식으로 용서받는다면 '뭐 나만 잘못했나?' 하는 마음이 계속 남아 있을 것입니다.

그런데 어쩌면 용서를 청하기보다 용서해주기가 더 어려운 것 같습니다. 아마도 그 상황에서 자신의 잘못이 없다고 생각하기 때문이 아닐까 합니다. 얼마 전에 제가 어떤 분에게 상처를 받았다는 사실을 털어놓았을 때의 일입니다. 그때 그분은 "내가 별 생각 없이 한 행동이 너를 아프게 한 것 같다. 사실 나는 아무렇지 않은데 그런 일로 네가 상처받은 것 같으니 내가 잘못한 것 같다."며 제게 용서를 청했습니다. 하지만 저는 '아무렇지 않다니! 그럼 별것도 아닌 일에 상처받은 내가 속 좁은 사람이란 말인가? 하지만 더 말해봤자 왜 이리 시시콜콜 따지느냐는 얘기나 들을 것이니 마음이 풀리지 않지만 참자.' 하고 겉으로는 평온한 척했습니다. 당연히 마음속으로는 용서를 못해 괴로워하고 있었지요.

이렇게 상대방이 사과를 해도 용서하기가 힘이 드는데, 말로 표현하기 어려울 만큼 큰 상처와 아픔을 주고도 사과는커녕 계속해서 억장이 무너질 짓만 하고 있는 사람에게 용서를 넘어 오히려 자기가 용서를 청한 사람이 있습니다. 이것이 과연 사람으로서 할 수 있는 경지인가 저는 그저 놀랍기만 했습니다.

제가 만난 어느 물리치료사가 그 주인공입니다. 그녀의 아버지는 가장으로서 경제적으로 무능했고 어머니를 상습적으로 구타했습니다. 임신 중에도 끊이지 않았던 폭력 탓인지 그녀는 태어났을 때부터 몸이 약하고 항상 심하게 아팠습니다. 어머니는 그런 상황에서도 가계를 꾸리느라 밤낮으로 일을 해야 했고 그 스트레스를 모두 딸인 그녀에게 풀었나 봅니다. 추운 겨울날 몸이 아파서 우는 딸을 시끄럽다며 때려서 내의만 입힌 채로 밖으로 내쫓은 적도 수없이 많았습니다. 어머니는 자신의 불운이 딸의 탓이 아니었음에도 그것을 딸에게 보상받으려 했으니 그녀의 마음에는 늘 울분이 차 있었습니다.

치료사도 나이가 차 잘생긴 남자와 연애 끝에 결혼을 하였습니다. 그런데 참으로 신기한 것은 상처받고 아픔이 많은 사람은 자기와 비슷한 처지에 있는 사람에게 끌린다는 것입니다. 서로 자신의 이야기를 하며 공감하다 보면 아마도 이런 사람이면 나를 더 이해할 수 있고, 사랑해줄 수 있겠지 하고 생각하게 되기 때문입니다. 그러나 상대 또한 자기를 품어주기만을 바라는, 상처가 많은 사람입니다.

그녀의 경우도 마찬가지였습니다. 남편은 어렸을 때부터 가정폭력의 피해자였고, 가족들의 생계를 모두 책임져야 했기에 한눈 팔 사이도 없이 갖가지 일을 하며 생활전선에 뛰어들어야 했습니다. 사춘기를 겪을 겨를도 없었다고 했습니다. 사실 치료사는 어머니로부터 하루빨리 벗어나고 싶었고, 남편의 이런 생활태도가 마음에 들어 결혼을 했지요.

그들 사이에 딸 쌍둥이가 태어났습니다. 이제부터 남편은 책임감을 가지고 더 열심히 일해야 하고 또 그렇게 할 것이라 생각했습니다. 그러나 그의 태도는 180도 변했습니다. 일을 하러 가지 않고 집에서 빈둥거리는가 하면 일을 해도 돈을 집에 가져오지 않았습니다. 이에 대해 불평을 하는 아내에게는 물론, 아이들에게도 욕하고 때리는 일이 다반사였지요. 때로는 며칠씩 말없이 나갔다 들어오기도 했습니다. 그러던 어느 날 다섯 살 된 쌍둥이들을 그녀에게 맡긴 채 남편은 집을 나가버렸습니다. 게다가 그녀는 남편의 카드 빚 5천만 원까지 떠안게 되었지요.

너무나 기가 막힌 그녀는, 처음에는 죽고 싶은 마음뿐이었습니다. 앞으로 어찌 살아가나 하는 걱정 때문만이 아닙니다. 세상에서 가장 의지하고 믿었던 사람에게서 버림받는다는 것은 자신의 전 존재를 거부당한 것이어서 자신이 살아있을 가치가 없는 사람이라고 느끼게 되기 때문입니다. 자존감을 완전히 상실한 그녀는 죽기를 바라며 며칠 동안 아무것도 먹지 않고 누워만 있었습니다. 하지만 죽기도 어려웠습니다. 배고파 우는 딸들의 울음소리에 죽기를 각오하면 무엇을 못하겠는가 하는 생각이 퍼뜩 들었습니다. 이 딸들과 살기 위해 어떤 일이라도 해야겠다며 자리를 털고 일어났습니다.

　그후로 돈이 되는 일이면 도덕적으로 나쁜 일이 아닌 한 닥치는 대로 했습니다. 아픈 몸을 무릅쓰고 새벽에 야쿠르트를 배달하는 것으로 시작해서 아파트 청소, 공공근로 등을 하며 밤늦게까지 일했습니다. 조금 숨을 돌릴 즈음에 틈틈이 수지침을 배우기 시작했습니다. 처음에는 자신의 아픈 몸을 치료하기 위한 것이었습니다. 차츰 여러 가지 종류의 통증치료법을 배우며 다른 사람들까지 치료하게 되었습니다.

　어느 날 규모가 크고 최신 장비를 갖춘 곳에서 그녀에게 좋은 보수를 제시하며 치료사로 올 것을 제의했습니다. 그런데 그곳에서 일하기 위해서는 한 가지 조건이 있었습니다. 독실한 가톨릭 신자인 사장은 그녀가 가톨릭 신자였음을 알고는 '냉담을 풀고 오라!'고 했던 것이지요. 남편이 가출한 후로 냉담 중에 있었던 그녀도 그 즈음 냉담을 풀고 싶던 차였습니다. 감사한 마음에 고해성사를 보고 미사참례를 하면서 그녀는 직장생활에 전념할 수 있었습니다. 그후 두 아이를 키우며 빚을 갚았고, 반지하의 방 한 칸짜리 집에서 지상의 방 3칸짜리 집으로 전세를 얻었고, 독립적인 일터까지 마련했으니 그녀가 얼마나 열심히 일했는지는 더 말할 필요가 없을 것입니다.

그리고 매일 미사와 기도를 하면서 재속수도회(在俗修道會) 회원이 되었습니다. 말 그대로 속세에 살면서 수도자의 생활을 하는 것이지요. 그렇게 열심히 신앙생활을 하며 집안을 일으켜가던 중에 8년간의 방황을 끝내고 거지가 다 된 남편이 집으로 돌아왔습니다.

뿌리 깊은 용서야 어려웠겠지만, 당시에 그녀는 신앙인으로서 남편을 말없이 받아들였습니다. 남편은 그렇게 들어와 처음에는 하는 일 없이 빈둥거리다가 부인의 말에 따라 가톨릭에 입교했습니다. 나중에는 대부의 도움으로 직장까지 얻게 되었으니 누가 봐도 그에게는 부인이 여러모로 고맙기만 한 존재였습니다.

어설픈 용서가 진정한 용서가 되기까지

그런데 원래 남편에게도 깊은 회개가 없었고, 부인 쪽에서도 당연히 억울함이 앞섰으니 어설픈 용서였을 터였습니다. 돌아온 얼마 후부터 남편은 다시 예전처럼 부인과 아이들을 향해 폭행과 폭언을 시작하였고, 월급도 가져다주지 않는 일이 되풀이되었습니다.

설상가상으로 사춘기를 맞은 쌍둥이 딸 중 하나가 빗나가기 시작했습니다. 딸은 집안에서만 문제를 일으키는 것도 모자라 경찰서까지 드나들었습니다. 치료사는 이것이 모두 남편이 잘못 산 탓이라 생각되었고, 남편을 도저히 용서할 수가 없었습니다. 결국 그녀는 이혼을 결심하기에 이르렀습니다.

그렇게 남편과의 관계는 더욱 소원해졌고 어느덧 그녀가 재속회원이 된 지 4년이 되었습니다. 그녀가 예수님의 배필이 되어 예수님의 뜻만을 따르며 살겠다는 서원을 할 때가 온 것입니다. 이 날을 위해 백일 동안 기도하던 중에, 성모님께서 "네가 너의 남편을 품고 가라!"고 말씀하시는 것 같은 강렬한 느낌을 받았습니다. 그 말씀과 함께 따스한 기운이 그녀를 감싸는 것 같았습니다. 그녀는 변화되고 있었습니다.

그리고 2박3일의 서원 피정을 하고 집으로 돌아온 다음 날 아침이었습니다. 미사를 마쳤을 때 갑자기 자신의 추악한 모습이 보이기 시작하더니 하염없이 회개의 눈물이 흘렀습니다. 그동안 그녀는 겉으로는 다 용서하며 사는 척했지만, 사실은 끊임없이 교묘한 방법으로 남편의 잘못을 지적하며 압박하고 있었고, 아이들에게는 너희가 엄마 없이 어떻게 살겠느냐며 협박하고 있었던 것입니다. 그러한 자신의 부끄러운 모습을 하느님께서는 거울에 비추듯 보여주신 것입니다.

회개하고 깨끗해져야 할 사람은 '바로 너'임을 알라고. 그렇게도 남편의 회개를 기다렸건만, 주님께서는 그가 아닌 치료사를 회개시키신 것입니다.

또한 자신은 질풍노도의 사춘기를 보내며 어머니를 힘들게 했지만, 그런 시절을 보내지 못한 남편은 얼마나 위로받고 싶었을까를 생각하니 남편에게 미안한 마음이 들었다고 했습니다. 사춘기를 제대로 보내지 못하면 나이가 들어 뿌리째 뒤흔드는 태풍과 같은 사춘기를 맞게 된다지요?

예수님 앞에서 실컷 울고 난 후 집으로 돌아와서, 남편에게 자신이 그를 무시했던 태도에 대해 진심으로 용서를 청했습니다. 항상 피곤해하던 남편에게, 다른 사람에게만 해주던 치료를 처음으로 정성껏 해주었습니다.

그렇게 하는 중에 예수님께서, "네가 이제까지 남편에게 받지 못했던 사랑, 그리고 앞으로도 부족하다고 생각되는 사랑은 내가 다 채워주겠다. 이제 내가 너의 남편이 아니냐?" 하시면서 지금까지 답답하고 우울하고 죽어 있었던 그녀를 감싸안으며 살려주시는 것 같았다고 했습니다.

드디어 치료사는 어둡고 차가운 무덤에서 환하게 살아난 것입니다. 물론 이것은 하루아침에 일어난 일이 아닙니다. 그녀가 오랜 세월 모든 것을 하느님께 맡기며 철저히 하느님 안에서 살았기에 가능한 일이었습니다. 이제 남편이 어떻게 사느냐는 그녀에게 더 이상 중요하지 않습니다. 자신이 잘 사는 것이 가장 중요함을 알기 때문입니다.

물론 전에 그랬듯 앞으로 또 넘어지기도 할 것입니다. 그러나 이러한 강한 체험이 있는 한 또다시 일어날 수 있습니다. 그러는 동안 치료사의 남편도 서서히 변해갈 것입니다. 아직 며칠 지나지 않았지만 집안일을 거들기 시작했고, 대화가 열리는 작은 변화가 일어나고 있습니다. 월급봉투도 아내가 채근하지 않아도 못 가져온 날은 아직 못 받았다고 먼저 알려주기까지 한답니다.

여기서 제가 감동받은 것은 남편의 잘못을 용서한 부인의 끝없이 넓은

품이 아닙니다. 어찌 보면 하느님께서는 크게 잘못한 사람에게도 예수 님을 따르는 사람은 무조건 용서해야 한다고 하시는 것처럼 생각됩니다. 그러나 우리에게 그렇게 힘든 일을 요구하실까요? 아닙니다. 오히려 '누 구에게나 선하신 하느님께서는 아무리 큰 죄를 지은 사람일지라도 그에 게 너희가 잘못할 권리는 없다.'는 당신의 정의로우심을 보여주십니다. 그리고 거기에서 그치지 않고, 작은 잘못이라도 회개하게 하심으로써 우 리가 완전해지기를 바라십니다. 저는 바로 하느님의 그 크신 사랑에 감 동을 받았던 것입니다.

그녀를 보면서 용서 못한 저 자신을 다시 돌아보았습니다. 제게 용서 를 청했는데도 용서하지 못했던 이유가 무엇일까? 그러고 보니 저는 상 대방의 잘못은 집요하게 지적하면서 제 잘못에는 너그럽다는 두 가지 잣 대를 사용해온 것을 깨달았습니다. 그리고 제가 남에게 용서를 청한다는 일이 여간 어려운 일이 아니라는 것도 알게 되었습니다.

바꾸어 생각하면, 상대방인들 왜 저와 같지 않겠습니까? 제게 용서를 청한 분의 겸손함이 보였고, 용서 못한 제가 부끄러워졌습니다. 며칠 후 에 저도 그분께 용서를 청했습니다. 용서는 결국 먼저 자신의 회개가 있 어야만 가능한 것이었습니다.

제게는 아직도 화해해야 할, 용서 못한 사람들이 많이 있습니다. 때 로는 제가 너무 나약해 보이고 실망스럽기도 합니다. 그러나 치료사 같 은 친구들을 끊임없이 제 곁에 보내주시면서, 언젠가는 제게도 크신 사 랑을 드러내실 하느님이심을 믿기에 그분께서 주실 저의 때를 기다리 렵니다.

그때까지는, 같은 수의 말단원자를 가졌어도 그들이 어떤 구조를 가지는지는 중심원자에 달려 있듯, 제 주위에서 일어나는 일이나 사람들과의 관계가 늘 제 탓임을 마음에 새기며 열심히 기도해야겠습니다.

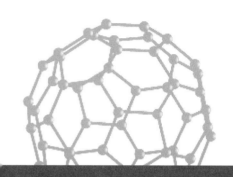

> "너는 어찌하여 형제의 눈 속에 있는 티는 보면서,
> 네 눈 속에 있는 들보는 깨닫지 못하느냐?"
> (마태 7, 3)

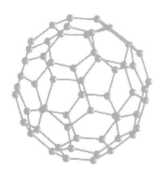

결정과 비정질의
중간물질인 준결정*

결정학의 100년 오류가 밝혀지다

해마다 가을이면 각 분야의 노벨상 수상자가 발표됩니다. 2011년의 화학상은 화학에서 '결정(結晶)'의 의미를 통째로 바꾼 과학자에게 그 영예가 돌아갔습니다. 일반적으로 도저히 존재할 수 없다고 여겨졌던 '준결정(準結晶, quasicrystal) 구조'를 발견함으로써 '결정학의 100년 오류'를 밝혀낸 이스라엘의 화학자 셰흐트만(Shechtman) 박사가 그 주인공입니다. 고체 상태의 물질은 결정(crystal)과 비정질(amorphous)로서 존재한다고 알려졌는데, 그는 결정과 비정질의 중간물질인 준결정을 발견하고 실험적으로 증명함으로써 결정학에 획기적인 장을 마련한 것입니다.

| * 김도향, 「과학동아」, 2011.11, p.118 참조.

그런데 이러한 오류를 밝혀낸 것도 물론 놀랍지만, 한 치의 오차도 허용하지 않는 학문으로 알려져 있고, 그토록 눈부시게 발전해온 이 과학계에, 그것도 아주 최근까지 그 물질이 실제로 존재하는데도 절대로 그럴 수는 없다고 여기는 고정관념이 있었다는 것이 더 놀랍지 않습니까?

우선 결정과 비정질이 무엇인지부터 알아보기로 하겠습니다. 광물학과 결정학에서 말하는 결정이란, 독특한 방법으로 구성된 원자 또는 이온들의 한 세트가 광범위하게 규칙적인 주기성을 반복하면서 삼차원 공간으로 이어지며 배열한 물질입니다. 그 가장 간단한 세트를 단위세포(unit cell) 또는 단위 정이라 부르고, 아주 작은 상자로 생각할 수 있습니다. 아래의 그림에서 원으로 둘러싼 부분은 단위 정의 2차원적 단면을 보여주고 있습니다.

한편, 원자나 이온의 배열이 불규칙한 물질을 비정질이라 합니다. 간단한 예로 똑같이 반짝이는 물질들이지만, 다이아몬드나 소금은 구성 원자가 계속해서 규칙적으로 배열하고 있어서 결정이며, 유리는 그렇지 않아 비정질입니다.

결정질

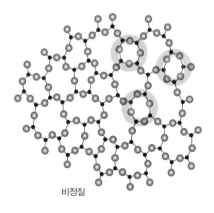

비정질

결정은 종류에 따라 2, 3, 4, 6개의 대칭축을 가지는 것으로 알려졌습니다. 2개의 대칭축을 가진다는 것은 단위세포를 360/2°인 180°를 회전하면 같은 모양이 반복된다는 의미이고, 따라서 3개의 대칭축을 가지면 120° 회전할 때 같은 모양이 됩니다. 다시 말하면 결정은 그러한 반복을 통하여 공간을 완전히 채울 수 있는 물질입니다.

그러면 도대체 준결정이란 어떤 것이며 이 준결정의 발견이 결정학의 큰 오류와 무슨 관계가 있는 걸까요?

셰흐트만 박사는 1982년 알루미늄과 망간을 녹여 100만℃를 1초 동안에 냉각시키는 방법으로 급랭시켜 합금을 만들었습니다. 그는 그 합금이 대칭구조를 가지면서도 어느 부분에서는 그 구조가 주기적으로 반복되지 않는 특성을 가지고 있음을 전자현미경을 이용하여 발견하였습니다. 이 물질이 바로 준결정입니다.

다시 말해서 준결정은 원자가 규칙적으로 배열된 결정도 아니고, 불규칙적인 비정질도 아닌 물질을 말합니다. 그리고 그는 이 합금이 오각형의 구조를 포함하면서 10중(重) 회전대칭성(rotational symmetry)을 가지고 있었고, 그럼에도 불구하고 공간을 채우는 특이한 구조를 갖고 있음을 밝혀냈습니다. 오각형의 규칙적인 배열만으로는 공간을 채울 수 없지만, 그 배열 안에 사각형 등을 채워넣는 불규칙적인 배열을 포함함으로써 공간이 채워진다는 것이었습니다. 그러니 이렇게 만들어진 패턴은 전체적으로 보면 규칙적이지도, 그렇다고 아주 불규칙적이지도 않았습니다.

이론 물리학자이자 수학자인 로저 팬로즈(Roger Penrose)가 1970년대

알루미늄—망간 (Al–Mn) 준결정 표면

서로 다른 두 가지 종류의 타일로 같은 형태가 반복되지 않는 모자이크를 만드는 데 성공하면서 이론적으로 예상됐던 '규칙적이지만 불규칙적인' 이중적 성격의 결정 구조가 실제로 발견되었습니다.

미래산업의 무한한 가능성이 기대되는 준결정

그런데 기존 결정학의 원칙은, 결정이란 삼각형이나 사각형, 육각형 등을 규칙적으로 배열하여 평면이나 공간을 채울 수 있어야 하는데 오각형으로는 채울 수 없기에 오각형의 결정은 없다는 것이었습니다. 그뿐 아니라 결정을 이루는 원자들은 격자처럼 일정하고도 주기적으로 반복하여 배열한 3차원적인 형태를 가져야 했으니, 이 새로운 발견은 기존의 관념에 정면으로 도전하는 것이었습니다.

처음에 그의 논문은 큰 논란을 불러일으켜 게재 불가 판정을 받기도

하였고, 심지어 그가 다니던 연구소 소장은 그에게 결정학 교과서를 다시 읽으라고 했답니다. 또 그 분야의 대가이며 노벨화학상 수상자인 라이너스 폴링(Linus Pauling)에게 "준결정 따위는 없다, 단지 준과학자 같은 것이 있을 뿐이다."라는 수모까지 당했다고도 합니다.

그러나 과학자들은 이후 다른 종류의 준결정들을 실험실에서 발견했고, 러시아의 광석 샘플을 통해 자연계에도 준결정이 존재한다는 사실을 밝혀내기도 했습니다. 결국 1992년에는 결정의 화학적 정의 가운데 '규칙적으로 배열되고 반복되는 3차원적 형태'라는 부분이 '명확한 회절(回折) 패턴이 나타나는 물질'로 바뀌기에 이르렀습니다.

준결정은 규칙적인 원자 배열을 지닌 결정보다 마찰력이 작아서 잘 마모되지 않고 내구성이 뛰어납니다. 그리고 표면에너지가 작아 표면에 다른 물질이 잘 달라붙지 않기 때문에 프라이팬의 코팅재로 좋은 소재가 됩니다. 또 전기나 열에 강해서 엔진을 보호하는 단열재 등의 소재로도 사용되고 있습니다. 현재 회사들은 강도가 큰 이 소재를 이용해 면도칼이나 바늘, 칼 등을 생산해내고 있으며, 전 세계적으로 기계·항공 등 향후 무한한 가능성을 지닌 소재로서 그 연구가 활발히 진행되고 있습니다.

금속뿐 아니라 규소(Si)와 같이 금속과 비금속의 중간 성질을 가지는 준금속으로 이루어진 준결정에 대해서도 흥미로운 연구 결과가 나왔습니다. 세계적인 학술지 《네이처》(2011년 7월 19일자)에 오사무 테라사키 교수팀이 준결정 메조포러스 실리카(quasicrystalline mesoporous silica)를 합성했다는 논문이 게재되었습니다. 그들은 투과전자현미경

(Transmission Electron Microscopy)으로 구조를 분석한 결과, 실리카 입자 중앙에 12각형 기둥 모양의 준결정이 형성되어 있음을 확인하였습니다. 그리고 이 현미경에 전자를 투과할 때 12각형의 회전대칭성을 가진 전자회절무늬가 생성되는 것을 발견하였습니다. 테라사키 교수는 높은 대칭성을 가진 준결정은 물질의 광학적 에너지 흡수를 조절할 수 있으므로 이 기술은 에너지를 저장할 수 있는 미래 핵심 기술이 될 수 있으리라고 기대했습니다.

한편, 미국의 테리 오돔(Teri Odom) 교수팀은 새로운 나노기법인 무아레 나노리소그래피(moiré nanolithography)라는 기술을 사용하여 36중의 높은 회전 대칭성을 가진 준결정을 생성함으로써 에너지 저장의 길을 더욱 밝혀주었습니다. 높은 회전 대칭성을 가지게 되면 그 물질이 만드는 무아레 나노패턴이 모든 각도에서 거의 같은 효율로 빛을 흡수할 수 있어 낮 동안 태양을 추적할 필요가 없이 태양전지 패널을 쉽게 만들 수 있기 때문입니다.

이제 준결정 연구는 봇물이 터지듯 퍼져나가고 있으며, 앞으로 전 세계의 과제인 에너지 문제 등 미래산업에 획기적인 공헌을 하게 될 것이 확실합니다. 이렇게 볼 때, 고정관념이 얼마나 높은 벽을 쌓고 있었는지 다시금 전율하게 됩니다. 그리고 셰흐트만 박사가 고정관념에서 비롯된 갖은 수모에도 굴하지 않고 확신을 가지고 연구를 계속함으로써 산업발전에 눈부신 기여를 하게 되었다는 점도 경이롭습니다.

고정관념에서 벗어나 새로운 세계를 체험하다

얼마 전, 우리 동네 같은 성당에 다니며 자주 여행이나 연극, 전시회 관람 등 문화생활을 함께하며 깊은 우정을 나누는 두 친구들의 초대로 조각 전시회에 갔습니다. 조각이란 '무거운 물질이고, 전시되는 장소의 벽이나 바닥은 그저 배경일 뿐'이라고 알고 있는 우리의 고정관념을 완전히 깨는 아니쉬 카푸어(Anish Kapoor)의 작품이었습니다.

카푸어는 인도에서 태어나 19세에 영국으로 건너가 미술 교육을 받았습니다. 성장과정에서 자연스럽게 동서양의 사상과 문화를 두루 접하게 된 카푸어는 자신의 예술작품에 그러한 정서를 담아내고 있습니다. 비움을 통한 채움, 물질성과 정신성, 무거움과 가벼움, 어둠과 빛 등 상반된 요소들이 서로 대비를 이루면서도 공존하고 소통함을 보여줍니다.

가루 안료를 이용한 조각 작품에서는 무거운 재료였음에도 이를 덮고 있는 가루가 마치 날리는 듯한 가벼움을 느끼게 해주었습니다. 또 〈동굴〉이라는 작품도 매우 거대하고 육중하지만 하나의 막대에 얹혀 있어 가볍게 올라앉은 모습이었습니다. 동굴 내부의 어두운 빈 공간은 우리를 압도하며 지옥이나 사멸을 연상시키지만 한편으로는 새로운 생명이 창조되는 자궁과도 같아 두려움과 경이로움을 동시에 안겨주었습니다. 그런 탓인지 물질성이 강한 작품임에도 매우 미묘한 정신적인 효과를 자아냈습니다.

한편, 벽면의 거대한 노란색 둥근 구멍은 미술품이면서 건축물의 일부로 벽면과 동화되어 있었지요. 또 다른 벽면에 날카롭고 작게 파인 상처 같은 것이 있었습니다. 그 제목이 〈Healing of St. Thomas(토마스의 치유)〉인 것을 보면서 마음에 큰 울림을 받았습니다.

이렇게 조각에 대한 고정관념을 넘어섬으로써 새로운 세계를 체험하게 되고 신비스러움까지 느낄 수 있었습니다. 예술 세계에서도 그러하거늘 가장 냉철하고 고정관념이 없어야 할 과학의 세계에서 저명 과학자들이 준결정의 발견에 대하여 수모를 준 일은 후세 사람들의 시각에서는 좀 어이없어 보입니다. 한편으로는 인간의 한계를 보여준 것이기도 하지요.

여기서 유다인들이 예수님을 메시아로 받아들일 수 없다고 몰아붙였던 일이 연상됩니다. 그 시대의 유다인들이 기다리던 메시아는 세상에 공정과 정의를 이루며(예레 23, 5 참조), 힘없는 이들을 정의로 재판하고 무뢰배를 내리치고 악인을 죽여 평화의 왕국을 세우고(이사 11, 4), 해 뜨는 땅과 해 지는 땅에서 그들을 구해내어 예루살렘 한가운데에서 살게 해주시는(즈카 8, 7-8) 강력한 임금님이었습니다. 한 치의 흠도 없이 규격과 틀에 꼭 들어맞고 배열이 일정한 결정(結晶)과도 같은 분이어야 했습니다.

하지만 예수님은 힘 있는 임금님이 아니라 초라하기 짝이 없는 구유에서 가난하고 연약한 아기의 몸으로 그들에게 왔습니다. 말의 먹이그릇인 구유에 누워계셨다는 것은 결국 우리에게 먹이로 오신 것이었으니 얼마나 초라하고 낮게 오신 것입니까? 장성한 후에도 겉보기에 결정과 같은 사람이 되기에는 너무도 부족한 한낱 목수에 불과했지요. 그랬기에 예수님이 공생활을 시작하셨을 때 주위 사람들이나 가족들은 그분을 메시아로 인정할 수 없었습니다.

그리고 예수님이 고향인 나자렛의 회당에서 가르치셨을 때 사람들은 "저 사람은 목수로서 마리아의 아들이 아닌가."[마르 6, 3]라며 못마땅하게 여겼습니다. 여자는 사람으로 취급받지 못하던 당시의 사회에서 '요셉의 아들'이 아니라 '마리아의 아들'이라 부른 것은 그 말 속에 '너는 사생아'라는 뜻이 포함되어 있었으니 얼마나 경멸하는 태도였겠습니까?

예수님의 형제들은 또 어땠습니까? 유다인들이 예수님을 죽이려 해서 유다에서 돌아다니기를 원하지 않으셨을 때도 예수님에게 유다로 가서 세상에 드러내라고 하였습니다. 사실 그들도 믿지 않았기 때문입니다[요한 7, 1-5]. 자신들의 권위가 위협받게 될지도 모를 두려움이 있었기에 최고 의회 의원들이나 바리사이들도 성경을 내세우며 "갈릴래아에서는 예언자가 나지 않는다."[요한 7, 52]는 이유로 예수님을 결코 메시아로 받아들이지 않았습니다. 이와 같은 고정관념의 결과로 가장 가까이에 있거나 중요한 위치에 있는 사람들이 예수님을 배척하였습니다.

게다가 예수님은 종교적, 정치적 중심지인 예루살렘에서가 아니라 예언자가 날 수 없다고 믿었던 이민족의 땅 갈릴래아에서 공생활을 시작하셨습니다[마태 4, 15 참조]. 왜 하필이면 갈릴래아였을까요?

갈릴래아에는 과거에 북왕국이 멸망하면서 이민족들이 들어와 살게 되었고, 다시 유다가 회복 되었지만 이민족들이 여전히 많이 섞여 있었습니다. 그러므로 종교적으로나 혈통으로나 순수하지 못하다는 이유로 갈릴래아 사람들은 하층민으로 취급되었습니다. 대부분이 소작농인 그들은 지주와 로마 정부에 세금을 바쳐야 했고, 십일조까지 내야 하는 다

중고(多重苦)에 시달렸으니 급기야 십일조 내기를 포기해야 했습니다. 이는 율법을 어기는 행위였기에 그들은 거의 모두가 죄인이 되었지요. 이렇게 그들은 어둠 속에 앉아 있었습니다. 예수님은 죽음의 그림자가 드리운 고장에 앉아 있는 비참한 처지의 그들에게 빛이 되러 오신 것입니다(마태 4. 16 참조).

서로의 부족한 부분들을 채워주는 준결정 공동체

예수님께서는 이와 같이 고통과 눈물이 얼룩진 자리에 나타나십니다. 엔도 슈사쿠는 『사해 부근에서』라는 그의 저서에서, 예수님은 그런 자리에서 병을 고쳐주거나 고통을 없앨 기적을 일으키는 강력한 분이 아니라 실망스러울 정도로 약해 보이는 분이라고 묘사했습니다.* 그저 병자들 옆에서 밤을 새우고, 버림받은 여인의 사연을 들어주고, 나환자들과 침식을 같이 하시면서, '사람들의 슬픈 인생을 하나하나 지켜보고…… 그것을 사랑하려 한' 분이라 했습니다. 마치 오각형의 도형과 같다고나 할까요?

예수님은 빈틈없는 결정 같은 존재가 아니라 왜 이러한 오각형으로 오셨을까요? 오각형은 그 자체만으로는 공간을 채울 수 없습니다. 공간을 채우려면 우선 평면을 채울 수 있어야 하는데, 오각형의 한 모서리의 각

---

* 엔도 슈사쿠, 이석봉 옮김, 『사해 부근에서』, 바오로딸, 2011.

이 108°이므로 3개를 붙여도 324°가 되니 평면이 되는 360°를 만들 수 없습니다. 빈틈이 생긴다는 의미이지요. 그 빈틈에 삼각형이나 사각형 등 다른 도형들이 들어와 오각형과 함께 어우러진 아름다운 준결정을 만들 수 있었습니다. 획일적인 모양의 결정과 달리, 변화와 다양성을 갖춘 아름다움이라고 할까요?

예수님도 바로 그러한 빈틈에 다각형의 죄인, 창녀, 세리들을 받아들이셨습니다. 그들의 고통을 고쳐주기보다는 고통을 함께 지고자 하셨던 마음은 예수님의 사랑이었습니다. 엔도 슈사쿠는 그 사랑을 가리켜 '예수님께서 한 번 그 사람의 인생을 스쳐가면 그 사람은 결코 잊지 못하게 되는' 사랑이라 했습니다. 왜냐하면 예수님께서는 그 사람을 언제까지나 사랑하시기 때문이라고요.

예수님은 한순간의 기적이 아닌, 어쩌면 더 큰 기적이랄 수 있는 사랑이라는 특별한 본드로 오각형에 다각형을 결합하여 우리의 고정관념을 뛰어넘는 또 다른 차원의 세상을 만들려고 오신 분입니다. 이렇게 이루어지는 세상이야말로 사람들 사이에 마찰도 작아져서 더 강하게 화합할 수 있는 행복한 세상이기 때문입니다.

우리의 삶에서도 내 생각이 절대적으로 옳다는 전제를 두지 말아야겠습니다. 얼마 전 미국에 있는 큰아들의 전화를 받고 얼마나 웃었는지 모릅니다.

손자가 학교(pre-school)에 입학했는데, 어느 시간이 제일 좋으냐고 물었더니, '점심시간'이라 하더랍니다. 그럴 수 있다고 생각하며 다시, 그다음으로는 어느 시간이 좋으냐고 물으니, '노는 시간'이라고 했답니다. 아빠의 의도와는 전혀 다른 대답을 하는 어린아이의 순수함에서 어른의 고정관념을 다시 한 번 깨닫게 됩니다.

정신적으로 건강한 사람은 자기에게 문제가 있다는 것을 인정하지만, 정신병자들은 인정하지 않는다지요? 정신분석학자 융은 내 생각을 다른 사람들에게 말하고, 그들로부터 충고를 받아들이고, 다시 내 생각을 교정하고 재구성해서 다른 사람들에게 얘기하고, 또다시 그것에 대해 충고를 받는 일을 되풀이하면서 점차 승화된 대화를 할 수 있게 될 때 이를 변증법적 대화라고 했습니다.

한편, 충고를 잘 받아들이는 일도 중요하지만 충고를 할 때는 더욱 조심해야 합니다. 충고는 상대방의 현재 상태를 잘 이해하고 난 다음에 함께 느끼고 아파해주는 것이 선행되어야 합니다. 나는 다 아는데 너는 왜 아직도 모르냐는 듯이 비판적으로 충고하면 아무 효과가 없을 뿐 아니라 오히려 서로 더 멀어지게 됩니다. 고통을 받고 있는 사람은 이미 '내게 무슨 잘못이 있어서 이리 된 것일까?'를 한 번쯤 생각해보았을 것이기에, 그런 충고는 상처를 더 키울 뿐입니다.

그러므로 자신이 완전해서가 아니라 똑같이 부족한 사람이기 때문에 더욱 잘 이해할 수 있다는 마음가짐으로 다가가서 우선 신뢰를 얻어야 합니다.

예수님처럼 그 사람의 고통을 들어주고 시간을 함께하며 그의 삶을 사랑할 수 있을 때 그 신뢰는 더 커지겠지요. 이렇게 서로 겸손하게 마음을 열면 우리 삶의 자리에 찾아오신 예수님을 알아볼 수 있게 되고 또 자발적으로 다각형이 되어줄 수 있으리라 생각합니다. 그러면 또다시 우리 부족한 사람들이 서로 오각형이 되기도 하고 여러 가지의 다각형이 되기도 하면서 시간이 지날수록 공간을 채워 아름다운 준결정의 공동체를 이루게 되지 않겠습니까?

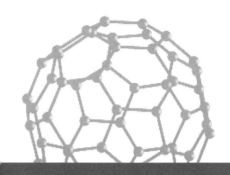

"하느님께서는 교만한 자들을 대적하시고
겸손한 이들에게는 은총을 베푸신다."
(야고 4, 6)

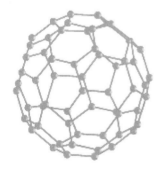

집착을 버리고 내어 맡기기

헤모글로빈의
산소운반

산소와 철의 결합과 해리가 산소를 운반하다

꼭 필요한 만큼만 먹고

필요한 만큼만 둥지를 틀며

욕심을 부리지 않는 새처럼 당신의 하늘을 날게 해 주십시오

가진 것 없어도 맑고 밝은 웃음으로

기쁨의 깃을 치며 오늘을 살게 해 주십시오

예측할 수 없는 위험을 무릅쓰고

먼 길을 떠나는 철새의 당당함으로

텅 빈 하늘을 나는 고독과 자유를 맛보게 해 주십시오

오직 사랑 하나로 눈물 속에도 기쁨이 넘쳐날
서원의 삶에 햇살로 넘쳐오는 축복

나의 선택은
가난을 위한 가난이 아니라 사랑을 위한 가난이기에
모든 것 버리고도 넉넉할 수 있음이니

내 삶의 하늘에 떠다니는
흰 구름의 평화여

날마다 새가 되어 새로이 떠나려는 내게
더 이상 무게가 주는 슬픔은 없습니다.

이해인 수녀의 시, 「가난한 새의 기도」입니다.

새처럼 가볍게 날아 누구에게도 무게나 부담을 주는 슬픔을 가지지 않는 삶, 흰 구름의 평화를 우리도 가질 수 있을까요? 자신을 다 비우면 가뿐하게 날아다닐 수 있으련만 끈질기게 따라다니는 욕심과 집착은 비움을 허락하지 않습니다.

그런데 집착으로 그득한 우리의 마음과는 다르게, 몸에서 그 일이 일어나고 있다면 놀랍겠지요? 실제로는 우리가 숨을 들이마시고 내뱉는 동안, 폐와 몸의 여러 기관이나 조직 사이를 오가는 산소가 새처럼 날아다니며 그 일을 하고 있습니다.

우리가 숨을 쉬는 동안에 산소는 대체 어떤 일을 하는 걸까요?

숨을 들이마시게 되면 폐로 들어간 공기는 몸속의 조직에 있는 모세혈관으로 들어가게 됩니다. 그런데 체내에는 이산화탄소 같은 기체가 존재합니다. 산소가 몸속에서 탄수화물 같은 물질과 반응하여 만들어낸 기체지요. 그리하여 숨을 들이쉴 때는 폐 속의 산소 압력이 혈액의 산소 압력보다 크기 때문에 산소가 혈관으로 들어갑니다. 반대로 숨을 내쉴 때는 혈액 중에 이산화탄소의 압력이 높아져 있어 이산화탄소가 폐를 통해 나가게 됩니다. 한편 산소를 받은 혈액은 몸속의 다른 조직으로 산소를 운반해줍니다.

그러면 혈액은 어떻게 산소를 다른 조직으로 운반해줄까요?

포유동물이나 사람 몸에서 산소를 운반하는 주체는 혈액 속에 있는 헤모글로빈이며, 좀 더 정확히 말하면 헤모글로빈에 포함된 철(鐵)입니다. 곧 숨을 들이쉬어 헤모글로빈의 철과 결합했던 산소가 혈관을 통해 모든 조직에 가면 철로부터 떨어져나가기에 운반이 가능해집니다. 참고로 조직에서 압력이 높아진 이산화탄소는 그 속의 물과 반응하여 산성을 띠는 탄산이 되고, 산소는 산성도가 높은 곳에서 철과의 결합이 더 잘 끊어집니다. 그리고 이산화탄소는 다시 혈장 속에 녹아 폐로 운반되어 호흡으로 방출되면 산성도는 다시 원래대로 돌아가서 헤모글로빈은 산소와 결합합니다.

다시 말하면, 혈액이 가지고 있는 산소를 각 조직에 운반해준다는 의미는 혈액 속에서 운반의 주체가 되는 철에 결합된 산소가 해리되어 조직으로 떨어져나간다는 뜻입니다. 즉 산소와의 결합과 해리가 가역적(可逆的)으로 일어나기 때문에 운반이 가능한 것입니다. 산소가 부족한 조직에서는 산소와 철의 결합이 끊어짐으로써 산소를 공급받고, 산소가 많은 폐나 아가미 같은 곳에서는 결합한 채로 존재합니다.

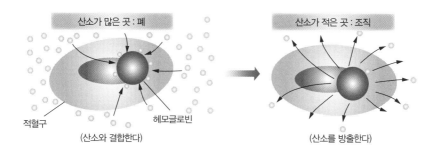

헤모글로빈의 작용과 적혈구의 산소 운반

이는 산소가 철과의 결합력이 약해서라거나 자신이 원해서라기보다는, 주위의 요구에 따라 자신이 있어야 할 자리에서는 확실히 그 자리를 지키고, 있지 말아야 할 자리에서는 아무 미련 없이 훌훌 털고 떠나감으로써 우리의 생명을 유지시켜주는 것을 보여줍니다. 살아가기 위해서는 이렇게 붙들고 있던 것을 놓아버리는 과정이 중요합니다.

산소와의 결합을 방해하는 물질들
예전에는 연탄가스에 중독되어 죽음을 맞는 사고가 심심치 않게 일어났습니다. 연탄가스의 성분인 일산화탄소(CO)는 철과의 결합력이 산소보다 200배 정도 더 큽니다. 그러므로 한 번 결합하면 여간해선 끊어지지 않고, 철이 산소와 결합하지 못하도록 방해하기 때문에 시간이 가면서 생명을 앗아가게 됩니다. 상황에 따라 떠날 줄 아는 성질을 가진 산소가 우리를 살리는 반면, 집착하는 일산화탄소가 우리를 죽이는 현상은 우리의 삶에 많은 교훈을 줍니다.

담배는 왜 우리 몸에 유해하다고 할까요?

담배 연기 속에는 니코틴이나 일산화탄소를 포함하여 수많은 유해물질이 포함되어 있기 때문입니다. 특히 담배 연기 속의 일산화탄소는 그 농도가 자동차 배기가스의 그것에 달할 정도로 환경기준을 상당히 초과하기에 그 영향이 매우 심각합니다. 운동량이 활발한 청년의 경우라도 애연가라면 일산화탄소를 흡수함으로써 산소공급량이 2~3배 줄어들게 됩니다. 체내에서 헤모글로빈의 수명이 100일이 넘고 또 일산화탄소는 한 번 붙으면 절대로 떨어져나가지 않으니 담배를 피우지 않을 때에도 그들의 혈액 속에는 일산화탄소와 결합된 헤모글로빈이 남아 있기 때문입니다. 그러므로 매일 흡연한다면 산소 부족의 악순환이 계속되는 건 당연한 일입니다. 우리가 잘 아는 맹독성 물질인 청산가리(KCN)도 시안화이온(CN^-)이 일산화탄소와 마찬가지로 철과 강하게 결합하여 산소와의 결합을 막기 때문에 독성을 띠는 것입니다.

술은 또 어떻게 산소와 관계가 있을까요?

술의 성분인 알코올은 체내로 흡수되면 10% 정도는 호흡, 소변, 땀 등으로 배설되고 90%는 간에서 산화반응을 하면서 대사됩니다. 혈액을 통해 간으로 이동한 알코올은 간에서 생성되는 탈수소화효소 (Dehydrogenase) 등에 의해 아세트알데히드로 산화됩니다. 요즈음에는 TV 등의 홍보 효과로, 생성된 아세트알데히드가 인체에 유해한 물질이라는 것은 거의 누구나 알고 있는 듯합니다. 이 알데히드는 다시 효소에 의해 산화되어 아세트산으로 대사된 후 일부는 소변으로 배출됩니다. 남은 아세트산은 다시 혈액에서 이산화탄소와 물로 분해되지요. 그러므로 알코올 분자 한 개가 인체에 해가 되지 않도록 이산화탄소와 물로 분해되기까지 세 단계를 거치는 동안 산소 분자 세 개가 필요하게 됩니다. 즉, 술을 많이 마실수록 산소가 더 많이 필요하다는 얘기입니다.

그리고 음주 후에 산소가 불충분하면 아세트알데히드는 분해되지 않은 채로 남아 있게 되어 두통이나 졸음을 유발합니다. 실제로 사람에게 30분 동안 $180cc$의 위스키를 마시게 한 후 혈액 속의 산소량을 측정한 결과, 음주 후에 혈중 산소량이 낮아졌음을 확인하였습니다. 산소 부족은 두통뿐 아니라 뇌의 기능까지 저하시키고 더 심해지면 생명까지 위협하니 과음하지 않도록 더 많은 주의를 기울여야 합니다.

그렇게도 수없이 들이마시고 내쉬고를 반복하지만, '딱 한 번 들이마신 숨을 내쉬지 못하는 것이 바로 죽음'으로 연결된다는 것을 생각해보셨나요? 한 숨만큼의 공기인데도 이를 못 버리면 죽음이라는 것입니다. 돈을 주고 사지 않은 공기인데도 못 버리면 죽음인데, 우리가 아끼는 것은 물론 마음속 깊이 감추어온 것을 버리지 못할 때 죽음보다 더 큰 고통이 따라온다고 한다면 과장일까요? 이를 인정한다면 반대로 그런 것을 놓아버리면 새 삶을 얻는다는 뜻으로 생각할 수 있겠지요.

그리고 참으로 오묘한 것은 우리의 몸 밖에서 헤모글로빈과 비슷한 여러 종류의 화합물을 합성하여 산소와 반응시켰을 때 여간해서는 가역반응이 잘 일어나지 않는다는 점입니다. 그렇기에 체내에서 그렇게도 쉽게 일어나는 가역반응으로 우리의 생명을 이어가게 하는 이러한 현상에 대해 생명을 주관하시는 분께 저절로 머리를 숙여 감사드리게 됩니다. 우리의 삶에서도 집착을 버리고 놓으며 살라고 하시는 것 같습니다.

✧ ✧ ✧

'참사람' 족에게서 배우는 자연과 하나 되는 삶

자연 치료법을 전공한 미국인 여의사 말로 모건(Marlo Morgan)의 『무탄트 메시지』는 우리가 모든 집착을 내려놓고 모든 자연과 생물과 사람들이 하나가 되어야 참 사람으로 살 수 있고 죽음 또한 평화롭게 받아들일 수 있음을 말해줍니다.[*] 호주 원주민 부족의 하나인 '참사람 부족'은 문명인들을 가리켜 '무탄트(mutant)'라 부릅니다. 무탄트의 원래 뜻은 돌연변이인데, 문명의 돌개바람과 함께 몰려와 대지를 파헤치고, 강을 더럽히고, 나무를 쓰러뜨리는 문명인들을 보면서 원주민들은 그들을 '돌연변이'라고 생각할 수밖에 없었다고 했습니다.

어떤 동식물도 멸종 위기에 빠뜨리지 않고, 어떤 오염 물질도 자연 속에 내놓지 않으면서 풍부한 식량과 안식처를 얻을 수 있었던 그 부족 사

---

[*] 말로 모건, 류시화 옮김, 『무탄트 메시지』, 정신세계사, 2011.

람들은, 있는 그대로의 삶을 살았으니 '참 인간'입니다. 모건은 그들과 함께, 옷과 소지품을 아무것도 지니지 않고 원주민용 천 조각 하나만 걸친 채 넉 달에 걸친 대륙횡단을 했습니다. 그때 그녀는 자연에서 필요한 모든 것을 얻을 수 있었습니다. 거기서 그녀는 자신이 가진 어떤 관념이나 물질에 대한 집착을 버리는 것이야말로 참다운 인간으로 나아가는 중요한 첫걸음임을 체득했습니다.

참사람 부족은, 우리 모두는 이 세상에 하나밖에 없는 독특한 존재이지만 실은 곧게 뻗은 하나의 길을 가고 있는 존재이며 결국 모든 생명은 하나라고 믿습니다. 남을 해치는 것이 자기 자신을 해치는 일이요, 남을 돕는 것이 바로 자신을 돕는 일이라고요. "평생을 살고도 다른 사람들은 사회에 기여했는데 자신은 한 일이 없다."며 한탄하는 문명인에 대하여, "내가 부른 노래가 단 한 사람만이라도 행복하게 해준다면 그것이 훌륭한 일이라는 것을 왜 무탄트들은 깨닫지 못할까요?"라고 말합니다.

그렇습니다. 모두가 하나이기에 누가 더 잘났다거나 사회에 더 많은 기여를 했다고 비교할 필요도 없습니다. 그렇게 되면 자연히 모든 집착에서 벗어나게 되고 자존감과 겸손함을 선물로 받게 되겠지요?

그들에게 예수라는 이름을 들어본 적이 있느냐는 모건의 질문에, 참사람 부족은 다음과 같이 말했습니다.

"선교사들에 따르면 예수님이 오래전에 이 세상에 와서 사는 법을 잊어버린 무탄트들에게 어떻게 살아야 하는지 말해주었다더군요. 그러나 우리는 사는 법을 한 번도 잊어버린 적이 없기 때문에 우리에게는 해당되지 않는 가르침이었습니다. 우리는 이미 '예수의 진리'를 실천하며 살고 있었습니다."

그렇습니다. '예수님께서 당신이 하느님 아버지와 하나인 것처럼 우리들도 하나가 되게' 해주시라고 기도하지 않으셨습니까?^(요한 17, 11 참조)

참사람 부족의 죽음도 특별해 보입니다. 그들은 시신을 얕은 모래 구덩이 속에 파묻어 흙으로 돌아가게 하거나, 시신 위에 아무 것도 덮지 않음으로써 생명의 순환과정에서 충실하게 음식을 제공해주었던 동물들의 먹이가 되게 하여, 자연과 하나가 됩니다. 그리고 이 세상에서 마지막 숨을 몰아쉴 때, 그들은 죽은 뒤에 자신이 갈 곳을 정확히 알고 있기에 확신을 갖고 평화롭게 떠날 수 있다고 합니다. 확신이 없다면 그 사람은 분명히 죽지 않으려고 몸부림칠 것입니다.

그런데 우리 삶의 목표야말로 숨 쉬는 동안 '예수님의 진리'를 실천하며 살다가, 모든 것을 내려놓고, 영원한 생명의 나라로 들어갈 확신을 가진 채 평화로이 죽음을 맞는 것이 아닐까요?

예수님께서는 붙잡혀 돌아가시기 전에 겟세마니 동산에서 "아버지, 하실 수만 있으시면 이 잔이 저를 비켜 가게 해주십시오. 그러나 제가 원하는 대로 하지 마시고 아버지께서 원하시는 대로 하십시오."^(마태 26,39) 하고 기도하시며 모든 것을 하느님께 의탁하셨습니다. 이러한 과정을 겪은 후에 부활하셨으니, 예수님께서는 우리도 죽음을 맞이할 때 나를 내려놓고 모든 것을 주님께 맡겨야 영원한 생명을 얻을 수 있음을 보여주신 것입니다.

"이미 마음속으로 용서했다"

저는 시부모님이 두 분씩 계셨습니다. 저의 시부모님 댁에서 자녀를 두지 못하신 까닭에 동생인 숙부님께서 당신의 셋째아들을 형님 댁에 양자로 보내어 집안의 대를 잇게 했는데 그 아들이 저의 남편입니다. 제가 결혼할 당시에는 남편도 저도 양부모를 친부모로 알고 있다가 학위가 끝날 때쯤 미국에 오신 숙부님을 통해 그 사실을 알게 되어 큰 충격을 받았습니다. 그리고 그로 인해 저희 가족이 귀국하면서 말 못할 고통을 겪어야 했습니다.

집안 어른들 사이에 비밀을 지키기로 했던 사안이었는데, 양부모님께는 이 일을 의논드리지 않은 채, 숙부님께서 우리에게 말씀하신 것입니다. 숙부님은 그간 고혈압 등 거의 죽음의 문턱까지 가신 적이 있기에 아마도 몇몇 친척 분들이 사실을 알리라고 했고, 또 마음도 약해지셔서 그렇게 하셨던 모양입니다. 그러나 양부모님이 모르시는 일이었으므로 우리의 처신은 매우 힘들었습니다. 저희가 그 사실을 알게 되었다는 것을 다른 친척에게서 듣게 되어 신경이 예민해지신 양부모님과, 그래도 자식의 도리를 원하시는 친부모님 사이에서 눈치를 살피며 살아야 했기 때문입니다.

양부모님은 너무도 가난하게 사셨던 터라 더욱 불안해 하셨기에 우리 부부의 마음도 점점 더 무거워져만 갔습니다. 우리의 잘못으로 이렇게 된 것이 아닌데 어떻게 해결해야 할지 막막했고, 또 '이 가난하고 바쁜 처지에서 한 부모도 어려운데 한꺼번에 두 부모라니!' 하는 '억울함'이 더해져 저는 이 문제에서 떠나고만 싶었습니다. 이런 감정이 그분들에게 어찌 전해지지 않았겠습니까? 그러니 제가 아무리 하느라고 해도 자연히 그분들로부터 좋은 말씀을 들을 리 없었습니다. 게다가 명절 때마다 찾아뵈었던 친척들의 곱지 않은 눈길에 제 마음은 늘 먹구름과 분노에 휩싸여 있었습니다. 저희가 집안의 희생양이라는 생각이 한시도 떠나지 않았습니다.

그러면서 자연스럽게 친부모님과는 숙부, 숙모의 관계로 되돌아갔습니다. 그렇게 그분들과 점점 더 멀어지던 중 숙부님이 심장마비로 갑자기 돌아가시게 되었습니다. 그 놀라운 소식에 매우 당황했으나 그때 처음 자식으로서 영안실을 지켰습니다. 그러나 또다시 그 일로 함께 모시고 살던 양부모님께서는 아들에게는 차마 말씀 못하시고 제게 모든 서운함을 토로하셨고 그후로도 이를 되풀이하셨지요. 매사 이렇게 갈등을 겪으니 저의 입지가 얼마나 어려웠는지 모릅니다.

다시 몇 년이 지난 어느 날 숙모님께서 임파선 암 말기라는 선고를 받으셨습니다. 당시에는 여러 가지 일로 인한 제 극심한 마음의 고통을 신앙으로 위로받고 있을 때였습니다.

어느 날 너무 힘들어 불도 안 켜진 성당에 앉아 십자가의 예수님께, "모든 일에 감사하라[1테살 5, 18]는데 이렇게 힘든 제가 감사할 일이 뭐가 있습니까?" 하고 따졌습니다. 그랬더니 기다리셨다는 듯 예수님께서 말씀하십니다. "너는 젊고 하는 일도 있지 않느냐. 이렇게 가진 것이 많으니 내어놓아야 할 것이 많은 거란다." 아! 저 자신을 제대로 보지 못하고 있었습니다. 언제나 무엇에고 허기졌으니 제가 거저 받은 것이 얼마나 많은지 보이지 않았습니다. 공부할 수 있는 머리, 일할 수 있는 건강, 직장,

자식들, 제게 힘이 되어주고 계셨던 부모님, 이렇게 많이 가졌는데 움켜쥐고 내놓지를 못했습니다. 마음이든 물질이든 말이지요.

그때 불현듯 숙모님께 마음을 드리지 못한 제가 보였고, 그분의 고통이 보였습니다. 생떼 같은 자식을 어른들의 명령 때문에 형님께 바치고 바로 눈앞에 있어도 자식이라 부르지 못하는, 게다가 죽음을 앞두고 있는 엄마! 이보다 더 큰 아픔이 어디 있을까? 그동안은 제 고통으로 눈이 가려 있어 보지 못한 것이었습니다. 다음날, 숙모님이 입원하고 계신 병원으로 용기를 내어 문안을 갔습니다.

마침 혼자 계셨습니다. 약물로 퉁퉁 부어 누워 계신 모습을 보니 눈물이 하염없이 흘러나왔습니다. 숙모님도 눈가가 촉촉해지셨습니다. 그분의 손을 잡으며 "그동안 너무 서운하셨지요? 용서해주십시오." 하며 용서를 청했습니다. 그랬더니 숙모님은, "아니다. 그동안 네가 얼마나 힘들었니? 다 내가 부족한 탓이다. 나를 용서해다오." 하시는 것이 아닙니까? 숙모님은 늘 기도하시며 모든 것을 내려놓고 마음속으로 이미 저를 용서하셨기에 언제 찾아올지 모르는 저를 기다리고 계셨던 것입니다. 우리 두 사람의 눈물 속에 그간의 아픔도 함께 스르르 녹아내렸습니다. 마음을 비운 공간에 하느님께서 들어가셔서 이렇게 해결해주셨고 그제야 제 마음이 가벼워졌습니다. 그후로 시간이 되는 대로 찾아뵈었지요.

나중에 저의 큰아들이 결혼하여 며느리와 함께 찾아뵈었을 때는 며느리에게, "네 시어머니는 참 특별한 사람이다. 잘 모셔야 한다." 하시며 저를 감동시키셨습니다. 죽음을 앞두고 이렇게 잘 준비하시고 평화롭게 떠나셨습니다. 그런데 두 며느리를 둔 지금에 와서 저에게 회한으로 남는 것은, 그 며느리들이 부르는 "어머니, 어머니!" 소리를 들을 때마다 아들들에게서는 느끼지 못했던 생기를 느낄 수 있었는데, 정작 저는 숙모님께 한 번도 어머니라고 불러드리지 못했던 점입니다.

하늘나라로 편지를 드려봅니다.

"어머니! 이제야 불러드리는 저를 용서해주십시오. 어머니께서 저를 따스하고도 측은하게 보실 때마다 '어머니, 사랑합니다.' 하는 말이 가슴에서 울컥하고 올라왔지만 용기가 없었고, 함께 사시는 어머니께 죄송한 것 같아 그 말을 차마 못해드렸습니다. 늦었지만, 제가 양쪽 부모님께 전대사(全代赦, 죄에 대한 유한한 벌을 모두 취소할 수 있는 사면)를 양도해드렸으며, 매일 미사와 묵주기도에서 모두를 봉헌해드리는 일이 어머니에 대한 사랑과 그리움 때문인 것 알고 계신지요? 설날과 추석에는 물론이고 가끔 생각날 때마다 평일에도 꼭 같이 연미사를 봉헌해드립니다. 이제는 하늘나라에서 함께 평화의 안식을 누리고 계시겠지요? 저도 산소처럼, 이 세상에서 제 기도를 필요로 하는 사람들을 위해 기도하며 살다가 그 일을 마치면 가볍게 하늘나라에 가서 당신들을 뵙고 싶습니다."

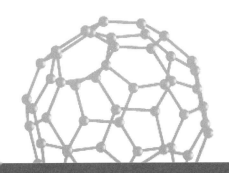

"네 근심을 주님께 맡겨라.
그분께서 너를 붙들어 주시리라."
(시편 55, 23)

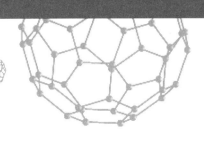

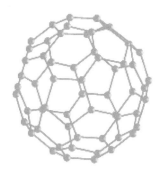

화학에서 영성을 만나다

교회 인가　　2013년 8월 21일
1판 1쇄 인쇄　2013년 8월 26일
1판 1쇄 발행　2013년 9월　2일

지은이 황영애
감수 전원

발행인 김기중
주간 신선영
편집 김수정, 정진숙
펴낸곳 도서출판 더숲
주소 서울시 마포구 서교동 479-8 남궁빌딩 4층 (121-839)
전화 02-3141-8301
팩스 02-3141-8303
이메일 thesouppub@naver.com
페이스북 페이지 : @thesoupbook, **트위터** : @thesouppub
출판신고 2009년 3월 30일 제313-2009-62호

성경 ⓒ 한국천주교중앙협의회 2005

ISBN 978-89-94418-61-2　03430